21 世纪全国高职高专建筑设计专业技能型规划教材

3ds Max & V-Ray 建筑设计表现案例教程

主 编 郑恩峰

副主编 王 丽 钟 静 陈宝华
费诗伯 孙国宏 刘珊珊

参 编 姜 丽 李 竞 董 霖 刘志良

U0196026

北京大学出版社
PEKING UNIVERSITY PRESS

内 容 简 介

本书由多所高职院校富有经验的教师共同编写，主要讲解 3ds Max 和 V-Ray 在室内外空间表现中的应用。

全书分为 11 章，第 1 章 3ds Max 的界面和常用设置，主要讲授该软件在使用之前的一些必要设置；第 2 章材质编辑器详解，讲解各种标准材质的调整和常用的参数；第 3 章亭子的制作，讲解三维建模方法的应用；第 4 章旋转楼梯的制作，讲解阵列复制的应用；第 5 章花格的制作，讲解二维建模；第 6 章窗框的制作，讲解强化二维建模的练习；第 7 章窗帘的制作，讲解放样建模案例；第 8 章常用 V-Ray 材质参数设置，讲解各种 V-Ray 专业材质的调整；第 9 章常用灯光类型详解，讲解常用灯光参数的设置；第 10 章客厅效果图的制作，讲解室内效果图的表现方法和流程；第 11 章别墅效果图的制作，讲解建筑效果图的表现方法和流程。这 11 章内容，既有初级的建模和材质调整，又有高级的灯光和渲染技巧，还包括常用的各种材质和灯光参数的资料以供查阅。

本书内容由浅入深、循序渐进地引导初学者快速入门，提高读者的效果图制作技术，特别适合高职院校相关专业作为教材使用，也可供培训班学员和自学人员参考。

图书在版编目(CIP)数据

3ds Max & V-Ray 建筑设计表现案例教程/郑恩峰主编.—北京：北京大学出版社，2015.1
(21 世纪全国高职高专建筑设计专业技能型规划教材)
ISBN 978-7-301-25093-8

Ⅰ. ①3… Ⅱ. ①郑… Ⅲ. ①建筑设计—计算机辅助设计—三维动画软件—高等职业教育—教材 Ⅳ. ①TU201.4

中国版本图书馆 CIP 数据核字(2014)第 272184 号

书　　　　　名：	3ds Max & V-Ray 建筑设计表现案例教程
著作责任者：	郑恩峰　主编
策 划 编 辑：	赖 青　杨星璐
责 任 编 辑：	刘晓东
标 准 书 号：	ISBN 978-7-301-25093-8/TU · 0441
出 版 发 行：	北京大学出版社
地　　　　　址：	北京市海淀区成府路 205 号　100871
网　　　　　址：	http://www.pup.cn　新浪官方微博：@北京大学出版社
电 子 信 箱：	pup_6@163.com
电　　　　　话：	邮购部 62752015　发行部 62750672　编辑部 62750667　出版部 62754962
印 刷 者：	三河市博文印刷有限公司
经 销 者：	新华书店

787 毫米×1092 毫米　16 开本　18.5 印张　彩插 8　430 千字

2015 年 1 月第 1 版　2015 年 1 月第 1 次印刷

定　　价：40.00 元

前　言

3ds Max 是建筑装饰和环境艺术设计专业广泛开设的课程，使用 3ds Max 制作的效果图能够直观地表现室内外空间，营造环境氛围，有效地表达设计理念，在设计投标、设计定案中起到很重要的作用。同时，能够熟练地操作 3ds Max 等软件制作效果图也是学生就业的第一块敲门砖。将软件内容按照"必需、普适"的原则进行筛选的教材，是目前课程教学除教师讲授外的必要辅助学习工具。

本书由多所高校具有丰富作图和教学经验的教师合力打造，是作者多年教学和工程实践经验的结晶。本书深入浅出地介绍了 3ds Max 和 V-Ray 的室内外空间表现技术，包括建模技巧、材质表现、灯光布置、渲染、后期处理等技法，以期能够帮助初学者快速入门，并掌握科学的学习方法，为以后的提高打下良好的基础。

3ds Max 的功能十分强大，制作效果图只用到其中的一小部分功能，因此，将必需的功能进行筛选和归类，能够有效地使读者摆脱繁杂界面的束缚，快速掌握制作效果图所需要的工具和命令。基于此种考虑，本书侧重于效果图制作核心功能的讲解与探讨。

将完成任务的过程引入教学，读者在完成任务的过程中掌握工具和命令的使用，学习软件的目的性会更明确，更有利于读者在有限的学时内学会基本操作，掌握效果图的制作流程，并能够完成一般的工作任务。

要让读者掌握书中的教学内容，单纯依靠讲授理论效果并不理想，最好是在完成某个特定任务的过程中达到教学目的，因而书中任务载体的选择特别重要。本书的任务载体选择体现了效果图制作的代表性和普适性，按照由单一到综合的顺序排列，以软件操作技术应用为主导，循序渐进地引导读者快速掌握使用 3ds Max 制作效果图的技术。同时，本书中还有一些资料性的内容，包括常用的材质参数和灯光参数，方便读者在制作效果图时查阅。

本书由天津中德职业技术学院陈宝华编写第 1 章，临沂职业学院王丽编写第 2 章，保定职业技术学院刘志良编写第 3 章，泰州职业技术学院费诗伯编写第 4 章，邢台职业技术学院姜丽编写第 5 章，淄博职业学院刘珊珊编写第 6 章，邢台职业技术学院李竞编写第 7 章，天津中德职业技术学院孙国宏编写第 8 章，邢台职业技术学院董霖编写第 9 章，邢台职业技术学院郑恩峰编写第 10 章，邢台职业技术学院钟静编写第 11 章。全书由郑恩峰进行统稿。

感谢北京大学出版社对我们的支持，感谢相关工作人员为本书所做的排版、装帧等工作，还要感谢所有关心及支持我们的同事和朋友。

由于作者水平有限，书中难免有不足之处，恳请广大读者批评指正。

编　者

2014 年 8 月

目　　录

3ds Max 的界面和常用设置

项目概述

3D Studio Max 常简称为 3ds Max 或 MAX，是 Discreet 公司开发的基于 PC 系统的三维图形制作和渲染软件，主要应用于装饰设计、建筑设计、影视制作、广告设计、工业设计、游戏开发等领域。

3D 是 three-dimensional 的缩写，代表三维的意思。S 是 Studio 的缩写，意为工作室。Max 有最大的意思，所以 3ds Max 可以理解为最大的三维图形工作室。

用 3ds Max 制作静态的建筑装饰效果图是该软件的一项基本功能，所用到的软件功能都是比较基础、简单易学的。

与其他的三维图形软件相比，3ds Max 功能强大，操作简单，效果逼真。学习该软件的要点在于软件的操作思路，而非哪个新的版本，新的版本只是部分功能的增强与改进，并不能取代学习者的思考和练习。只要掌握了清晰的操作流程，那么无论使用哪个版本，都可以制作出优秀的效果图。

为了使初学者快速掌握 3ds Max 的基础操作，为以后的学习打下良好的基础，本章先来学习 3ds Max 的界面和常用设置。

任务目标

任务目标	学习心得	权重
认识软件界面的组成		10%
了解常用工具的作用及其快捷键		30%
能够设置单位及其他需要设置的项目		20%
能够正确设置三维捕捉的选项		40%

引例

当你买了一套毛坯房，屋里面有门框却没有门，地面因为只用水泥砂浆做了初步处理而不甚平整，空荡荡的没有任何生活必需品，你必须要铺地、刷墙、买家具、买电器，经过一系列的装饰装修才能住进去。刚安装的 3ds Max 就有点类似于毛坯房，不能直接使用，必须要做好设置之后才可以，如图 1.1 所示。

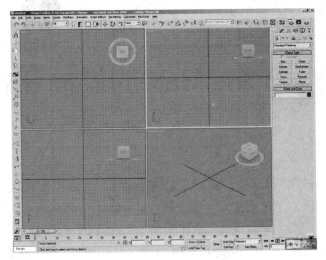

图 1.1　刚安装的 3ds Max

思考：三维捕捉的设置及应用。

 任务内容

掌握软件界面的组成，能够熟练地对软件进行初始设置，如图 1.2 所示。

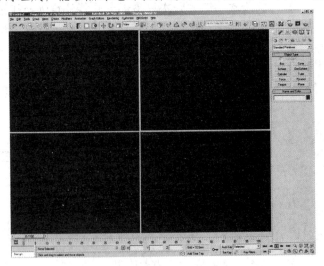

图 1.2　设置好的软件界面

1.1　界　面　组　成

3ds Max 的常用工作界面如图 1.3 所示，比较重要的部分有主工具栏、命令面板、工作视图和视图控制区。

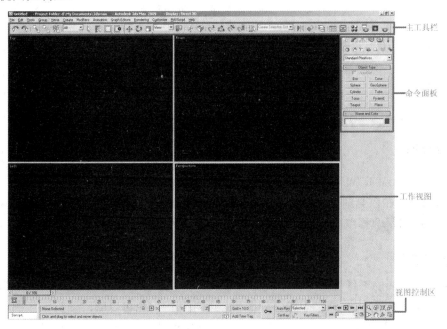

图 1.3　常用工作界面

1.1.1　主工具栏

主工具栏中放置着常用的操作工具，这些工具与图形的选择、位移、变形、渲染有关，在作图时必不可少。

主工具栏中制作效果图常用的工具及其快捷键见表 1-1。

表 1-1　主工具栏中包含的常用工具及其快捷键

工具图标	工具名称	主要功能	快捷键
	撤销	撤销上次操作，按默认的设置可以撤销 20 步操作	Ctrl+Z
	重做	恢复上次操作，按默认的设置可以恢复 20 步操作	Ctrl+Y
	选择并移动	选择和移动物体，使用时多配合三维捕捉 或 2.5 维捕捉 ，是效果图制作最重要的工具之一	W
	选择并旋转	选择和旋转物体，使用时多以角度捕捉 相配合	E
	选择并缩放	选择和缩放物体，使用时通常和百分比捕捉 相配合	R

续表

工具图标	工具名称	主要功能	快捷键
	镜像	对处于选中状态的物体进行镜像复制	无默认快捷键,可自定义
	对齐	用于两个物体的快速对齐	Alt+A
	阵列	对处于选中状态的物体进行阵列复制	无默认快捷键,可自定义
	材质编辑器	调整材质的参数,施加贴图等	M
	渲染场景对话框	正式渲染出图时通过此面板进行各项渲染参数的设置	F10
	快速渲染	作图的过程中使用此工具预览效果	Shift+Q

1.1.2 命令面板

作为 3ds Max 的核心部分,命令面板包括了场景中建模和编辑物体的工具及命令。

常用的命令面板有两个:第一个是 Create (创建命令面板),用于在场景中创建物体;第二个是 Modify (修改命令面板),它用于修改和编辑被选中的物体。

1.1.3 工作视图

3ds Max 默认的工作视图是以四视图的形式显示,分别是 Top(顶视图)、Front(前视图)、Left(左视图)和 Perspective(透视图)。视图可以互相切换,也可以随时恢复。作图时一般按 Alt+W 键将当前视图满屏显示,通过快捷键进行视图切换。以下是各视图的快捷键。

(1) T:Top(顶视图)。

(2) B:Botton(底视图)。

(3) L:Left(左视图)。

(4) R:Right(右视图)。

(5) F:Front(前视图)。

(6) K:Back(后视图)。

(7) U:User(用户视图)。

(8) C:Camera(摄像机视图)。

1.1.4 视图控制区

视图控制区是一些缩放、旋转、平移视图或者最大化当前视图的工具,见表 1-2。

表 1-2　视图控制区中的工具及其快捷键

工具图标	工具名称	主要功能	快捷键
	缩放视图	将选中的视图进行缩放	Alt+Z
	缩放所有视图	将所有的视图进行缩放	Ctrl+Shift+Z

续表

工具图标	工具名称	主要功能	快捷键
	最大化显示视图物体	将场景中所有物体在选中的视图中最大化显示	Ctrl +Alt +Z
	最大化显示所有视图物体	将场景中所有物体在所有的视图中最大化显示	Z
	视图视野	人眼相对于物体的距离	Ctrl+W
	平移视图	上下左右移动视图	按下鼠标中键
	旋转视图	在当前视图中换一个角度观察物体	Alt+鼠标中键 Ctrl+R
	最大化当前视图	将当前视图最大化显示，四视图状态变成只显示一个视图	Alt+W

1.2　常用的设置

1.2.1　设置单位

绘图的常用单位是毫米，所以要把 3ds Max 的显示单位和系统单位都设置为毫米。

(1) 设置显示单位为毫米。执行菜单命令 Customize→Units Setup，弹出 Units Setup 对话框，在 Units Setup 对话框中选中 Metric 单选按钮，然后在其下方的下拉列表框中选择 Millimeters 选项，如图 1.4 所示。

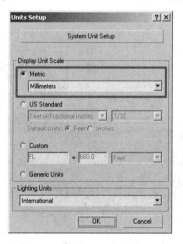

图 1.4　显示单位的设置

(2) 设置系统单位为毫米。设置完显示单位后不要单击 OK，要单击 Units Setup 对话框上方的 System Unit Setup 按钮，弹出 System Unit Setup 对话框，在对话框的下拉列表框中选择 Millimeters 选项，如图 1.5 所示。

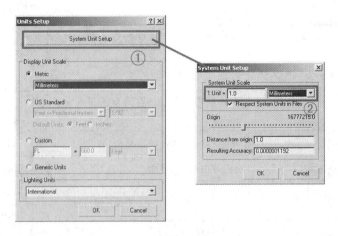

图 1.5　系统单位设置

1.2.2　设置视图背景颜色为黑色

模型的线框在黑色背景中的显示较为清晰，因此通常会把视图背景颜色设置为黑色。

执行菜单命令Customize→Customize User Iterface，弹出Customize User Iterface对话框，在对话框上方选择 Colors 选项卡，在该选项卡上方的选项列表中选择 Viewport Background 选项，然后单击Color 旁边的色块选择颜色，在弹出的 Color Selection 面板中将 Value 调整为黑色后，单击OK 按钮结束，如图 1.6 所示。

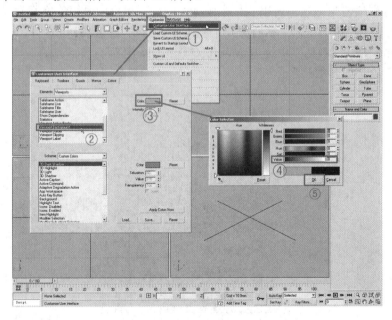

图 1.6　Colors 选项卡的设置

1.2.3　隐藏栅格

视图中的栅格起到辅助测量单位的作用，但不是很实用，一般作图时都把它隐藏起来。隐藏栅格的方法是在每一个视图左上角的名称上右击，在弹出的右键菜单中去掉 Show

3ds Max 的界面和常用设置

Grid 选项前面的勾选，如图 1.7 所示。这一步操作通常用快捷键 G 来完成，依次激活各个
视图，按 G 键即可。

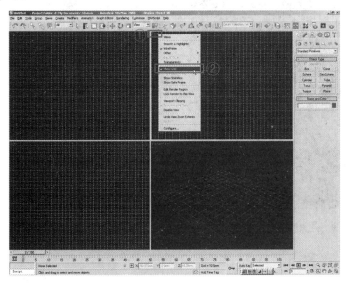

图 1.7　隐藏栅格

1.2.4　隐藏动力学系统

动力学系统在效果图制作中很少用到，可以把它隐藏起来。隐藏的方法是：在主工具
栏的空白处右击，在弹出的菜单中单击 Reactor 选项以去除其勾选，如图 1.8 所示。

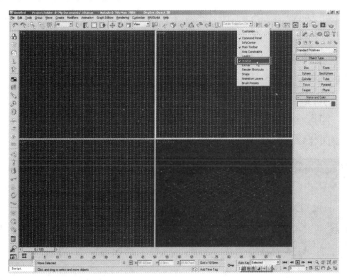

图 1.8　隐藏动力学系统

上述设置完成后，3ds Max 的界面将变成图 1.9 所示的常用用户界面。

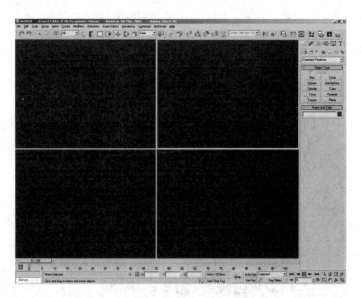

图 1.9 常用用户界面

1.2.5 设置三维捕捉工具

使用了捕捉功能以后，在将物体移动时它会自动地靠近到就近的边或者点上，这比对齐工具在使用的时候要简便得多，在建模时会频繁使用。

捕捉工具包括二维捕捉、2.5 维捕捉、三维捕捉、角度捕捉、百分比捕捉等，使用同一个设置面板。

捕捉工具设置的方法是激活某一个捕捉工具，然后在该工具上右击，即可弹出 Grid and Snap Settings 窗口。

在 Grid and Snap Settings 窗口中，Snaps 选项卡下面共有 12 种捕捉方式，可以在上面勾选所需要的捕捉选项，需要勾选的是 Endpoint 和 Midpoit 两个复选框，如图 1.10 所示。

Options 选项卡的设置如图 1.11 所示。

复选框设置：勾选 Snap to frozen objects(捕捉到冻结物体)和 Use Axis Constraints(使用轴向控制)两个复选框。

图 1.10 Snaps 选项卡的设置

图 1.11 Options 选项卡的设置

本 章 小 结

　　3ds Max 正确安装之后，要按照设置单位、设置视图背景颜色、隐藏栅格和动力学系统、设置三维捕捉的顺序对 3ds Max 进行设置，设置好了的 3ds Max 才能用来作图。这些设置中，设置单位和三维捕捉是最重要的，也是必须要设置的，其他的设置可以根据个人的喜好进行，不会影响到其他操作。

课 后 习 题

1. 练习 3ds Max 各项设置的方法。
2. 思考三维捕捉的设置过程。
3. 三维捕捉的设置面板中 Use Axis Constraints 选项的作用是什么？
4. 隐藏视图栅格的快捷键是什么？
5. 为什么要把视图背景颜色设置为黑色？

第 **2** 章

材质编辑器详解

项目概述

  材质编辑器在效果图制作中起着重要的作用，它可以通过一系列的参数调整以及贴图的使用，来模拟现实中的木材、石材、布料等材质效果，从而使模型显现出真实的外观。材质编辑器主要由材质球和放置在卷展栏中的调节参数组成，了解材质编辑器的作用，熟练掌握不同材质的参数，对于提高效果图制作水平非常有帮助。

任务目标

任务目标	学习心得	权重
掌握材质球的显示含义		15%
了解材质球的右键菜单		5%
知道卷展栏各项参数的作用		30%
掌握常用材质的调节参数		50%

引例

在生活中各种材料的表面特征非常鲜明，像玻璃是透明的，瓷器是光滑的，木材是有纹理的，这一类的感觉称之为质感。不同的质感对人的心理影响也各不相同，金属令人感觉冰冷、工业感强，木材令人感觉温暖，布料令人感觉柔软等。在设计中合理搭配各种材质，配合造型、灯光效果就会营造出理想的室内外空间。玻璃材质和不锈钢材质分别如图 2.1、图 2.2 所示。

图 2.1　玻璃材质

图 2.2　不锈钢材质

思考：材质编辑器的作用。

任务内容

掌握材质编辑器的面板组成及各项参数的作用，并能够利用不同的参数调整出常用的材质效果。材质编辑的用户界面如图 2.3 所示。

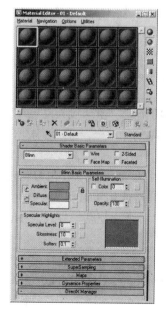

图 2.3　材质编辑器

2.1 材质球

材质编辑器最基本和最重要的概念之一就是材质球，它的作用是预览编辑好的材质效果。材质球共 24 个，可以在一个场景制作中同时编辑 24 种材质。

2.1.1 材质球的显示含义

材质球的边框上有带三角形标志的，也有不带三角形标志的。

其中各种类型材质球的显示含义包括：①表示这是一个空白的、没被编辑过的材质球；②表示该材质球虽然编辑过并施加了贴图，但并没有赋予到场景中的模型上；③表示该材质球应用到了场景中，但使用该材质的模型没有处于选中状态；④表示该材质球应用到了场景中，而且使用该材质的模型处于选中状态，如图 2.4 所示。

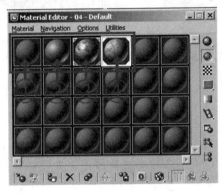

图 2.4 材质球的显示含义

2.1.2 材质球的右键菜单

在任意一个材质球上右击，就会弹出如图 2.5 所示的右键菜单，菜单中第一组命令的含义如下。

(1) Drag/Copy(拖动/复制)：将拖动材质球设为复制模式。选择此命令后拖动材质球时，编辑好的材质会从一个材质球复制到另一个，或者从材质球复制到场景中的对象，或复制到材质按钮。

(2) Drag/Rotate(拖动/旋转)：将拖动材质球设置为旋转模式。选择此命令后，在材质球上进行拖动将会旋转材质球，这样就能预览材质了。在材质球上进行拖动，能使它绕自己的 X 或 Y 轴旋转；在材质球的角落进行拖动，能使材质球绕它的 Z 轴旋转。另外，如果先按住 Shift 键，然后在中间拖动，那么旋转就限制在水平或垂直轴，这取决于初始拖动的方向。

其中,不右击也可以使用 Drag/Copy、Drag/Rotate、Magnify 等命令。直接拖动编辑好的材质球到一个空白的材质球上，就可以复制；按住鼠标滚轮并拖动鼠标即可让材质球旋转；双击材质球然后拖曳材质球的边框即可放大。

（3）Reset Rotation(重置旋转)：将旋转对象重置为它的默认方向。

（4）Render Map(渲染贴图)：渲染当前贴图，创建位图或 AVI 文件(如果位图有动画)，只渲染当前贴图级别，即渲染显示的是禁用"显示最终结果"时的图像。如果是在材质级别，而不是贴图级别，那么 Render Map 命令不可用。

（5）Options(选项)：显示"材质编辑器选项"对话框，相当于单击"选项"按钮。

（6）Magnify(放大)：生成当前材质球的放大视图。放大的材质球显示在一个单独且浮动的窗口中。

图 2.5　材质球的右键菜单

2.2　重要的公共调节参数

公共调节参数包括 Shader Basic Parameters 卷展栏、Blinn Basic Parameters 卷展栏、Extended Parameters 卷展栏、Maps 卷展栏等，这些功能在所有材质调整中都是很常用和重要的。

2.2.1　Shader Basic Parameters 卷展栏

Shader Basic Parameters 卷展栏如图 2.6 所示。Shader(明暗器)是材质的一个非常重要的属性，它直接决定了模型模拟哪一种现实存在的材料来进行反光计算，这些 Shader 参数的区别在于高光的形式和大小不同。Shader Basic Parameters 卷展栏可以指定 3ds Max 的一系列 Shader。3ds Max 中的材质就如同其字面意思一样，表示一个事物是用什么材料组成的，而这一材料的表面质感可以用阴影来表示。3ds Max 中的明暗器有 Anisotropic、Blinn、Metal、Multi-Layar、Oren-Nayar-Blinn、Phong、Translucent Shader 等，如图 2.7 所示。常用的有 Blinn、Phong 和 Metal 明暗器。

图 2.6　Shader Basic Parameters 卷展栏　　　　图 2.7　明暗器列表

在 Shader Basic Parameters 卷展栏中还有 4 个选项，如图 2.8 所示，分别介绍如下。

(1) Wire(线框)：运用线框的形式来表现模型，对模型所具有的边进行渲染。线框的粗细可以在 Extended Parameters 卷展栏中进行调整。

(2) 2-Sided(双面)：选择 2-Sided 复选框后会将模型反面的面也显示出来。

(3) Face Map(面贴图)：这是给模型所具备的每个多边形都进行贴图的复选框。一般来说不会用到该复选框，但是在制作一些粒子效果时，Face Map 会发挥它的功能。

(4) Faceted(面状)：在选择该复选框后，将不对物体的 Polygon 进行平滑处理。

图 2.8　选项

2.2.2　Blinn Basic Parameters 卷展栏

Blinn Basic Parameters 卷展栏如图 2.9 所示。世界上所有的事物都受到来自光源的光线影响，并且可以分为 3 个区域：高光、固有色和暗部。Blinn Basic Parameters 卷展栏中的参数主要就是对这 3 部分的控制。

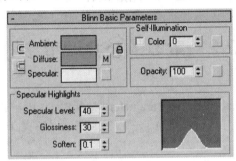

图 2.9　Blinn Basic Parameters 卷展栏

(1) Ambient(环境色)：来源于一个物体周围环境中复杂的反射光线，它对物体的阴影部分影响最大。

(2) Diffuse(漫反射)：物体的固有色，决定了物体的整体色调。通常所说的物体颜色就是指它的漫反射颜色。

(3) Specular(高光反射)：代表入射光线的颜色，能够直接影响物体高光点及周围的色彩变化，一般在低照射度下，高光色彩为对象自身色彩与光源色彩的混合，而高照度下基本可以理解为暖白色和冷白色两种。

(4) Lock：关于 Lock 按钮，简单地说就是一个关联选项，如果单击 Lock 按钮，就会对相应的一组参数产生关联，上面的 Lock 控制 Ambient 和 Diffuse 的关联，下面的 Lock 控制 Diffuse 和 Specular 的关联。

(5) Self-Illumination(自发光)：顾名思义，自发光就是物体表面发射出的光线。但是，在这里的自发光只是一个材质效果，并不是真正意义上的光源，它无法照亮环境中的物体。通过调节参数可以实现材质本身纹理或色彩的发光强度。更换色彩则是定义材质对象的自发光色彩，与材质本身的色彩或纹理无关。

(6) Opacity(不透明度)：可以决定材质是否透明及透明的程度。调整范围是 0～100，默认值为 100，材质完全不透明；随着数值降低，材质就会变得透明；数值为 0 时代表完全透明。不透明度与光线跟踪贴图共同使用时，可表现各种玻璃效果。

(7) Specular Level(高光级别)：决定高光的亮度，数值越大，高光越亮。

(8) Glossiness(光泽度)：决定高光点的面积，数值越大，高光点的面积越小。

(9) Soften(柔化)：在 Phong 明暗模式和 Blinn 明暗模式当中，如果 Specular Level 的值高而 Glossiness 的值低，那么 Ambient/Diffuse/Specular 之间的边界会显得很粗糙，Soften 功能就是可以柔化这一边界。

2.2.3 Extended Parameters 卷展栏

Extended Parameters 卷展栏如图 2.10 所示。

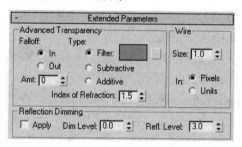

图 2.10 Extended Parameters 卷展栏

(1) Advanced Transparency 区域。用来定义物体的透明度。

① Falloff(衰减)：使对象的边框或者中心变得透明或者不透明。该选项与 Opacity 不同，Opacity 使整个对象的不透明度(透明度)发挥作用，而 Falloff 只是对物体的边框发生作用。一般来说，具有透明质感的物体(如玻璃杯等)大部分边缘看上去都比中心透明，因为这种质感很少在边框部分过滤光线。所以在制作玻璃或金属材质等透明或高反射时可应用 Falloff 贴图。

② Type(类型)：使用透明材质时使用的功能，下面有 3 个选项：Filter(过滤)选项代表在通过透明物体观察周围的事物时，所观察到的事物会呈现透明物体自己的色彩，就像人们带着太阳镜看事物一样；Subtractive(交互)选项代表从背景颜色中删除过渡色的颜色，由此整体的色彩就会变得暗淡，但是与此相反图像的形状会更加醒目；Additive(相加)选项代表给对象的表面增加过渡色的颜色，由于加亮了过渡色的颜色，所以对象看起来好像是在发光，但是边框会变得模糊，一般多用于光线或者是部分烟雾等特效。

③ Index of Refraction(折射率)：用来控制折射贴图和折射率，一般来说经常在玻璃材上运用折射率，其默认值为 1.5。

(2) Wire 区域。当用线框为对象贴图的时候可以设置该区域。

① Size(大小)：调整显示的线框粗细。

② In(按)：用于设置显示方式，包括 Pixels 和 Units 两种方式。Pixels(像素)方式显示一般位图的像素单位，只按照一定的粗细变化给对象进行渲染，并不能表现场景的远近感；Units(单位)方式是在进行渲染的同时会表现出远近感，因此前面的线框会显得比较粗，后面的线框显得比较细。

只有在材质编辑器中选择了 Wire 复选框，才可以用"线框"区域进行设置，而线框的粗细可以在样本球中显示出来。在视图中无法显示粗细变化，视图中的模型只有通过渲染才能出现材质效果。

(3) Reflection Dimming 区域。这一区域可以调整对象被赋予反射之后产生的阴影部分(不直接接受光线照射的部分)反射值的亮度。必须选择 Apply 复选框才可以运用 Dim Level(暗淡级别)值。

① Dim Level(暗淡级别)：取值范围为 0～1，既可以调整反射部分的阴影度，也可以调整对象的 Ambient 区域的反射率。

② Refl Level(反射级别)：可以调整明亮部分的反射值。如果使用了 Dim Level 值，那么数值越高，反射的效果就越好，默认值是 3.0，最高值是 10。

2.2.4 Maps 卷展栏

所有的材质贴图几乎都在这里完成。

当基本参数不能满足材质效果需要时，就要使用 Maps 卷展栏中相应的贴图通道。

贴图通道共有 12 个，如图 2.11 所示，可以大致分为两类：一类是颜色贴图通道，如 Ambient、Diffuse、Specular、Filter、Reflection、Refraction 等，这类颜色贴图通道一方面会影响材质的色彩变化，另一方面也可以接受色彩信号，即一张贴图的色彩变化会通过颜色贴图通道得以体现；一类是强度贴图通道，如 Specular Level、Glossiness、Opacity、Bump、Displacement 等，这类贴图通道只接受贴图的灰度值，也就是色彩变化对此类贴图不产生作用。

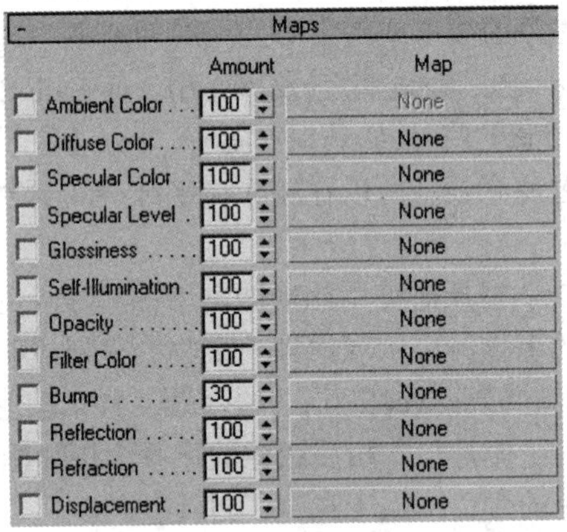

图 2.11　Maps 卷展栏

常用的几个贴图通道的作用如下。

(1) Diffuse Color：漫反射贴图通道，用于物体标准材质的调整。凡是需要施加贴图的标准材质，都要通过该贴图通道来施加。通常来讲，一种材质施加贴图和调整颜色不会同时进行，因为贴图会把颜色覆盖掉。

(2) Opacity：透明贴图通道，用于材质的显示，通常采用黑白图片，黑色部分为透明区域，白色部分为材质显示区域，常用来调整拼花、铁艺等材质的镂空效果。

(3) Bump：凹凸贴图通道，用来体现材质的凹凸纹理，通常采用黑白图片。

(4) Reflaction：反射贴图通道，用来制作镜面反射效果。凡是表面光滑的材质，都会有或强或弱的反射效果。

2.3 不同类型 Standard 材质的调整技巧

Standard(标准)材质是"材质编辑器"示例窗中的默认材质，也是平时使用最频繁的材质类型(尤其在初学的时候)。在现实世界中，表面的外观取决于它如何反射光线，在 3ds Max 中，标准材质模拟表面的反射属性，如果不使用贴图，标准材质会为对象提供统一的颜色。

2.3.1 不锈钢

在 Shader Basic Parameters 卷展栏中选择 Metal 明暗器。

Ambient 的 Value 值调整为 100，Diffuse 的 Value 值调整为 220。

Specular Level 调整为 100 左右，Glossiness 调整为 80 左右。

Reflection 贴图通道加 Raytrace，强度为 40 左右。效果如图 2.12 所示。

图 2.12 不锈钢材质效果

2.3.2 金

在 Shader Basic Parameters 卷展栏中选择 Metal 明暗器。

Ambient 的 RGB 值调整为 50、20、0，Diffuse 的 RGB 值调整为 255、135、0。

Specular Level 调整为 75 左右，Glossiness 调整为 80 左右。

Reflection 贴图通道加 Raytrace，强度为 60 左右。效果如图 2.13 所示。

图 2.13 金材质效果

2.3.3 银

在 Shader Basic Parameters 卷展栏中选择 Metal 明暗器。

Ambient 的 RGB 值调整为 0、0、0，Diffuse 的 RGB 值调整为 191、191、191。

Specular Level 调整为 100 左右，Glossiness 调整为 60 左右。

Reflection 贴图通道加 Raytrace，强度为 60 左右。效果如图 2.14 所示。

图 2.14 银材质效果

2.3.4 黄铜

在 Shader Basic Parameters 卷展栏中选择 Metal 明暗器。

Diffuse 的 RGB 值调整为 188、165、64。

Specular Level 调整为 60 左右，Glossiness 调整为 40 左右。

Reflection 贴图通道加 Raytrace，强度为 40 左右。效果如图 2.15 所示。

图 2.15　黄铜材质效果

2.3.5　亮光铝

在 Shader Basic Parameters 卷展栏中选择 Metal 明暗器。

Diffuse 的 RGB 值调整为 220、223、227。

Specular Level 调整为 35 左右，Glossiness 调整为 25 左右。

Reflection 贴图通道加 Raytrace，强度为 50 左右。效果如图 2.16 所示。

图 2.16　亮光铝材质效果

2.3.6　白色陶瓷

在 Shader Basic Parameters 卷展栏中选择 Blinn 明暗器。

Diffuse 的 Value 值调整为 249。

Specular Level 调整为 80 左右，Glossiness 调整为 50 左右。

Reflection 贴图通道加 Raytrace，强度为 35 左右。效果如图 2.17 所示。

图 2.17　白色陶瓷材质效果

2.3.7　清水玻璃

在 Shader Basic Parameters 卷展栏中选择 Blinn 明暗器。

Diffuse 的 RGB 值调整为 208、224、214。

Opacity 调整为 45。

Specular Level 调整为 90 左右，Glossiness 调整为 70 左右。

Reflection 贴图通道加 Raytrace，强度为 15 左右。效果如图 2.18 所示。

图 2.18　清水玻璃材质效果

2.3.8　磨砂玻璃

在 Shader Basic Parameters 卷展栏中选择 Blinn 明暗器。

Diffuse 的 RGB 值调整为 208、224、214。

Opacity 调整为 50。

Specular Level 调整为 10 左右，Glossiness 调整为 25 左右。

Reflection 贴图通道加 Raytrace，强度为 5 左右。Bump 贴图通道后面加 Noise，Size 为 10。效果如图 2.19 所示。

图 2.19　磨砂玻璃材质效果

2.3.9　石材

在 Shader Basic Parameters 卷展栏中选择 Blinn 明暗器。

Specular Level 调整为 45 左右，Glossiness 调整为 25 左右。

Diffuse Color 贴图通道加石材贴图。

Reflection 贴图通道加 Raytrace，强度为 25 左右。效果如图 2.20 所示。

图 2.20　石材材质效果

2.3.10　木材

在 Shader Basic Parameters 卷展栏中选择 Blinn 明暗器。

Specular Level 调整为 30 左右，Glossiness 调整为 20 左右。

Diffuse Color 贴图通道加木材贴图。

Reflection 贴图通道加 Raytrace，强度为 10 左右。效果如图 2.21 所示。

图 2.21　木材材质效果

2.3.11　木地板

在 Shader Basic Parameters 卷展栏中选择 Blinn 明暗器。

Specular Level 调整为 30 左右，Glossiness 调整为 20 左右。

Diffuse Color 贴图通道加木地板贴图。

Reflection 贴图通道加 Raytrace，强度为 15 左右。

为木地板模型施加 UVW Map 修改命令，选择 Box 贴图方式，Length 和 Width 的数值按贴图的尺寸调整，Height 的数值无需调整。效果如图 2.22 所示。

图 2.22　木地板材质效果

提示

木地板贴图尺寸的计算方法是这样的：先确定一条木地板的尺寸，然后累计。图 2.23 所示的木地板贴图，长度有 11 条，宽度有两条，假设一条木地板长 80，宽 1200，则这张木地板贴图的尺寸就是长度 880，宽度 2400。

图 2.23　木地板贴图

2.3.12　瓷砖地面

在 Shader Basic Parameters 卷展栏中选择 Blinn 明暗器。

Specular Level 调整为 45 左右，Glossiness 调整为 25 左右。

Diffuse Color 贴图通道加描过黑边的瓷砖贴图。

Reflection 贴图通道加 Raytrace，强度为 20 左右。

为瓷砖地面模型施加 UVW Map 修改命令，选择 Box 贴图方式，Length 和 Width 的数值一般按设计需要调整为 500、600、800 或 1000，Height 的数值无需调整。效果如图 2.24 所示。

图 2.24　瓷砖地面材质效果

2.3.13 壁纸

在 Shader Basic Parameters 卷展栏中选择 Blinn 明暗器。

Diffuse Color 贴图通道加壁纸贴图。

为壁纸模型施加 UVW Map 修改命令，选择 Box 贴图方式，根据设计的纹理大小来调整 Length 和 Width 的数值。效果如图 2.25 所示。

图 2.25　壁纸材质效果

2.3.14 镜子

在 Shader Basic Parameters 卷展栏中选择 Blinn 明暗器。

Diffuse 的 Value 值调整为 50。

Reflection 贴图通道加 Raytrace，强度为 100。效果如图 2.26 所示。

图 2.26　镜子材质效果

2.3.15　纱帘

在 Shader Basic Parameters 卷展栏中选择 Oren-Nayar-Blinn 明暗器。

Diffuse 的 Value 值调整为 250，这是白色纱帘的参数，如果需要其他颜色的纱帘，把固有色调成需要的颜色即可。

Specular Level 调整为 1，Glossiness 调整为 10。

Roughness 的值调整为 100。

Opacity 贴图通道后面加 Noise 贴图。效果如图 2.27 所示。

图 2.27　纱帘材质效果

2.3.16　亮光塑料

在 Shader Basic Parameters 卷展栏中选择 Blinn 明暗器。

Diffuse 的 Value 值调整为 20。

Specular Level 调整为 70 左右，Glossiness 调整为 90 左右。

Reflection 贴图通道加 Raytrace，强度为 15 左右。效果如图 2.28 所示。

图 2.28　亮光塑料材质效果

2.3.17 普通布料

在 Shader Basic Parameters 卷展栏中选择 Blinn 明暗器。

Diffuse Color 贴图通道加布料贴图。贴图最好选择无缝贴图，否则会产生难看的接缝。

为布料模型施加 UVW Map 修改命令，选择 Box 贴图方式，根据设计的纹理大小来调整 Length 和 Width 的数值。效果如图 2.29 所示。

图 2.29　普通布料材质效果

2.3.18 皮革

在 Shader Basic Parameters 卷展栏中选择 Blinn 明暗器。

Specular Level 调整为 35 左右，Glossiness 调整为 20 左右。

Diffuse Color 贴图通道加皮革贴图。

将 Diffuse Color 贴图通道上的皮革贴图关联复制到 Bump 贴图通道上，并根据需要调整 Bump 的强度数值。效果如图 2.30 所示。

图 2.30　皮革材质效果

2.3.19 自发光材质

在 Shader Basic Parameters 卷展栏中选择 Blinn 明暗器。

Diffuse 的 Value 值调整为 255。

Self-Illumination 的数值调整为 100。效果如图 2.31 所示。

图 2.31 自发光材质效果

本 章 小 结

(1) 材质编辑器由材质球、工具栏和卷展栏参数 3 部分组成，最重要的是卷展栏参数，参数决定材质的效果。

(2) 材质的参数应用要熟练，最初可以按照书中提供的参数调整，在学习的过程中逐步积累，形成自己的材质知识体系。书中提供的参数只是一个参考值，不是绝对值。材质在不同的环境中、不同的光线条件下效果是不一样的，要能够依据实际情况，对材质的参数进行微调，以使效果图更加真实。

(3) 贴图坐标非常重要，它决定着贴图的尺寸是否合理，凡是施加了贴图的模型都应该调整贴图坐标。

课 后 习 题

1. 反复练习各种材质的参数调整，直至熟记。
2. 思考贴图坐标的调整方法。
3. 请总结 Reflection 贴图通道的使用技巧。
4. 调整标准材质的过程中，常用的明暗器有哪几个？
5. 材质编辑器中材质球有几种显示含义？分别是什么？
6. 请思考如何确定某种材质 Specular Level(高光级别)参数的大小。

3

亭子的制作

项目概述

在软件学习的初级阶段，用单体模型来练习建模方法和标准材质的调整，有助于快速掌握常用的工具和命令，增强空间想象和组合能力，为下一步整体空间的表现打下良好的基础。本章的任务是用三维建模的方法完成一座现代亭子的模型，三维建模是指使用 3ds Max 内置的几何体，通过参数的调整控制几何体的形状，然后配合移动工具和三维捕捉技巧，将创建的各个几何体组合在一起，形成一个完整模型。

任务目标

任务目标	学习心得	权重
掌握 3ds Max 内置三维物体的创建、调整与组合		15%
能正确设置三维捕捉工具，并恰当地与移动工具配合使用		10%
能用移动复制的方法复制物体		20%
掌握物体精确移动的方法		15%
初步了解材质编辑器		15%
了解 UVW Map 贴图坐标修改命令的作用与设置方法		25%

引例

　　中国建筑都是木结构体系的建筑，所以古代的园林亭子也都是木结构的。用于皇家和坛庙宗教的木亭子，显得富丽堂皇，色彩浓艳。而普通的亭榭，有的质朴庄重，有的典雅清逸，遍及大江南北，是中国古典亭子的代表形式，如图3.1、图3.2所示。古代木亭子经过风吹日晒会腐蚀褪色，更会出现生虫等毁灭性现象，导致木亭子的生存周期非常有限，为了弥补真木的这种缺陷，近代便出现了水泥仿木亭子。水泥仿木亭子是一种工艺技术，甚至可以说是近代园林建筑的一个发明。运用这种工艺技术可以生产制作出外观酷似真木的各种水泥仿木亭子，也可以当作施工方案进行现场施工，比如房屋外墙要仿木装饰就得进行现场施工。水泥仿木工艺制作出来的仿木亭子，从外观上看和古代真正木头制作出来的凉亭，视觉效果不相上下，能以假乱真，甚至难以区分，但从使用寿命上说水泥仿木亭子要远远优于真木制作的亭子，经过天长日久风吹日晒也不会腐蚀褪色，更不会生虫，既环保又解决了当前木材紧缺的窘况。

图 3.1　苏州园林亭子

图 3.2　横店清明上河图亭子

思考： 现代亭子制作步骤。

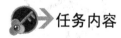任务内容

　　本任务是用 3ds Max 内置的三维物体组合而成的亭子，采用最简单的三维建模的方法作为软件的入门练习，主要目的是练习模型的组合与三维捕捉的使用。任务完成后的最终效果如图 3.3 所示。

图 3.3　亭子

任务实施流程

1. 制作底座	2. 制作柱子	3. 制作坐凳
4. 制作坐凳支撑	5. 制作檩条	6. 制作檐口
7. 制作顶	8. 制作顶尖	9. 编辑红色油漆材质
10. 编辑石材材质		

3.1 亭子制作具体流程

3.1.1 制作底座

将显示单位和系统单位都设置为 Millimeters(设置方法见第 1 章),后面提到的数值一律以毫米为单位，就不再另加单位。

激活顶视图,按快捷键 Alt+W 将顶视图最大化。在顶视图中创建一个 Length 为 3000.0、Width 为 3000.0、Height 为 200.0 的 Box,作为亭子的底座,如图 3.4 所示。

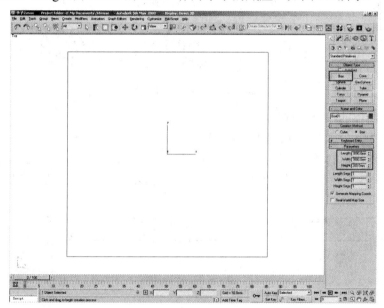

图 3.4 创建亭子的底座

3.1.2 制作柱子

(1) 在顶视图创建一个 Length 为 200.0、Width 为 200.0、Height 为 2800.0 的 Box,作为亭子的柱子,如图 3.5 所示。

(2) 两个物体的位置关系要找准才能进行下一个物体的创建。

柱子位于底座的上方,两个物体的上边距和左边距都是 100.0。

下面就两个物体对齐的操作进行详细讲解,以后同类问题都可参考本次操作。

① 在主工具栏上激活移动工具 ✛,并打开三维捕捉 ，确定三维捕捉工具 是设置好的(设置方法见本书第 1 章)。

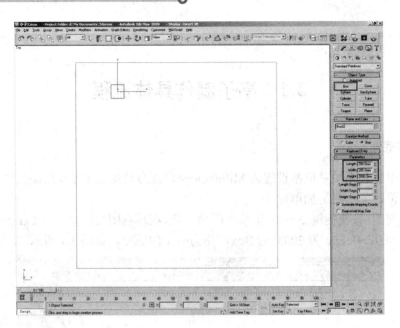

图 3.5 创建亭子的柱子

先将两个物体的左边缘对齐。

两个物体中，处于选中状态的称为当前物体，另一个称为目标物体。

将鼠标放在当前物体的左边缘，在捕捉状态下，该边缘会显示为蓝色。然后按 X 键锁定轴向，再按 F5 链控制 X 轴，X 轴显示为红色，物体就只能沿 X 轴左右移动，如图 3.6 所示。

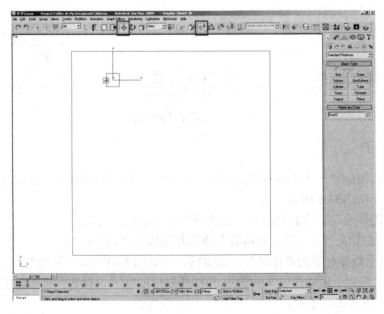

图 3.6 鼠标的初始位置

提示

　　按 X 键锁定轴向的作用是避免捕捉时物体方向控制不准。轴向锁定后其显示方式会有明显变化，坐标轴颜色全都变成了红色。要让物体左右移动时，就按 F5 键控制 X 轴，这时只有 X 轴还以红色显示，而 Y 轴变成了灰色；要让物体上下移动时，要按 F6 键，这时只有 Y 轴还以红色显示，而 X 轴变成了灰色。物体只会沿红色的轴移动。第一次使用时可能会觉得很麻烦，熟练之后就会非常方便。

　　② 拖动鼠标向左移动物体，直到目标物体的左边缘也显示为蓝色，就可以释放鼠标了，如图 3.7 所示。

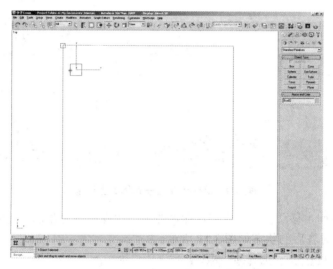

图 3.7　鼠标的最终位置

　　鼠标不必到达目标物体的左边缘，只要显示为蓝色即可，释放鼠标后当前物体就会对齐过去，如图 3.8 所示。

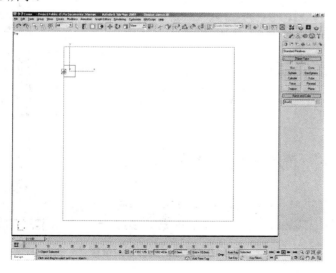

图 3.8　左边缘对齐的状态

③ 按 F6 键控制 Y 轴，Y 轴显示为红色，鼠标放在当前物体的上边缘，如图 3.9 所示。

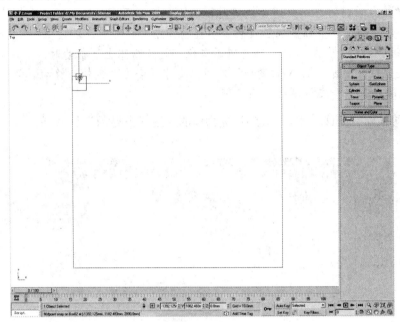

图 3.9　鼠标放在当前物体的上边缘

④ 拖动鼠标向上移动物体，直到目标物体的上边缘显示为蓝色，就可以释放鼠标了，如图 3.10 所示。对齐后的状态如图 3.11 所示。

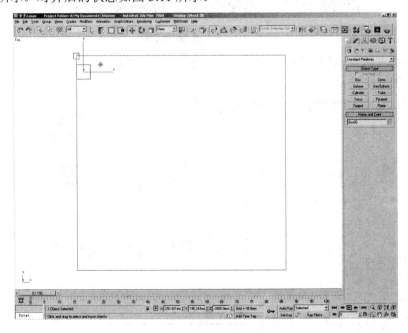

图 3.10　鼠标向上移动的位置

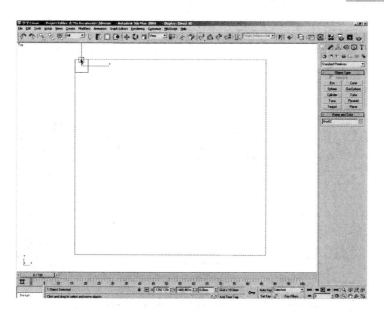

图 3.11　上边缘对齐的状态

⑤ 两个物体的上边距和左边距都是 100.0，所以对齐完成后还要移动。边缘对齐的目的是为了控制移动的 100 个单位的距离。

在移动工具 ✛ 上右击，会弹出 Move Transform Type-In 窗口，在 Offset：Screen 选项下的 X 后面的数值框中输入 100.0 然后按回车键，当前物体就会向右移动 100 个单位的距离，如图 3.12 所示。

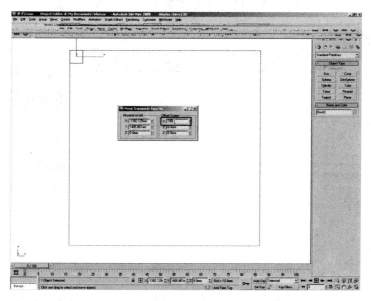

图 3.12　X 后面输入数值然后按回车键

⑥ 窗口不要关闭，继续在 Offset：Screen 选项下的 Y 后面的数值框中输入-100.0 然后按回车键，当前物体就会向下移动 100 个单位的距离，如图 3.13 所示。

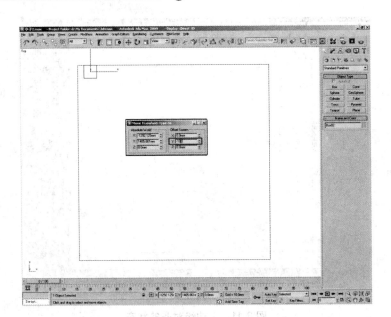

图 3.13　Y 后面输入数值然后按回车键

 提示

物体移动的方向受坐标轴控制，坐标轴有正负两端，有 X、Y 标识的一端为正值，反之为负值。所以物体向右移动时在 X 轴输入的是正值，向左移动时在 X 轴输入的是负值。向上移动时在 Y 轴输入的是正值，向下移动时在 Y 轴输入的是负值。

⑦ 移动完成的状态如图 3.14 所示。

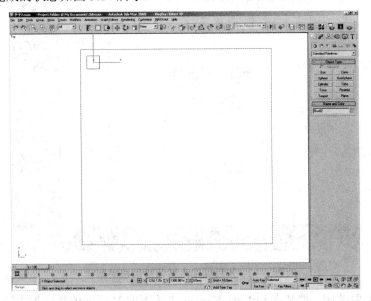

图 3.14　移动完成

⑧ 按 F 键切换到前视图，可以看到两个物体是交叉的位置关系，如图 3.15 所示。

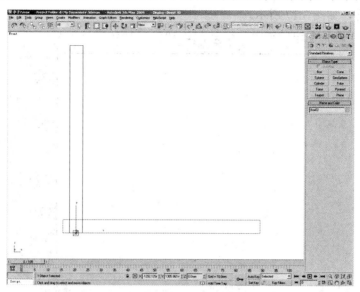

图 3.15　前视图的位置关系

⑨ 物体创建出来后默认的是下边缘对齐，所以会出现交叉的现象。此时确定 Y 轴被控制，将鼠标放在当前物体的下边缘，然后向上拖动物体，将当前物体的下边缘对齐到目标物体的上边缘，使两者呈现上下的位置关系，如图 3.16 所示。

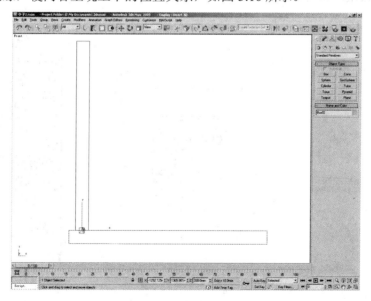

图 3.16　对齐后的位置关系

(3) 第一根柱子的位置放好后，需要复制以得到另外 3 根。当物体的形状完全相同时，复制是最简便的建模方法。

① 按 T 键切换到顶视图，把柱子选中，按 F5 键控制 X 轴，鼠标放在柱子的右边缘，按住 Shift 键，向右拖动鼠标就可以在移动物体的同时将物体复制，这一步操作称作移动复制。

鼠标要一直拖动到目标物体的右边缘显示为蓝色再释放，复制出来的物体就会和目标物体右边缘对齐，如图 3.17 所示。

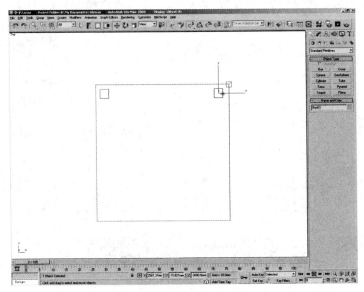

图 3.17　移动复制柱子

② 释放鼠标后会弹出 Clone Options 对话框，选中 Object 选项下的 Instance 单选按钮，然后单击 OK 按钮，如图 3.18 所示。

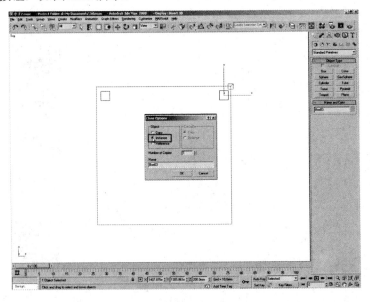

图 3.18　复制选项对话框

 提示

复制对话框各选项的含义如下所述。

a．Copy：复制。原物体与复制物体没有关系。

b．Instance：关联。对任一物体的修改都会影响到另一物体。

c．Reference：参考。对原物体的修改会影响到复制出的物体，而复制物体的修改不会影响到原物体。

d．Number of Copies：用来设置复制的数量。

③ 复制物体和目标物体右边缘对齐的状态如图 3.19 所示。

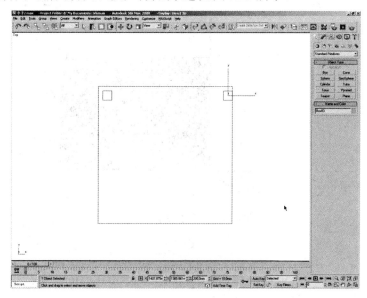

图 3.19　右边缘对齐的状态

④ 在移动工具 ✛ 上右击，会弹出 Move Transform Type-In 对话框，在 Offset：Screen 选项下的 X 后面的数值框中输入-100.0 后按回车键，当前物体就会向左移动 100 个单位的距离，如图 3.20 所示。

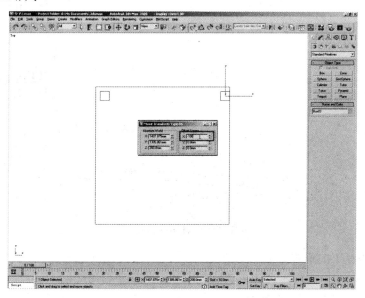

图 3.20　向左移动复制物体

⑤ 按 F6 键控制 Y 轴，用前面的方法分别复制另外两根柱子，效果如图 3.21 所示。

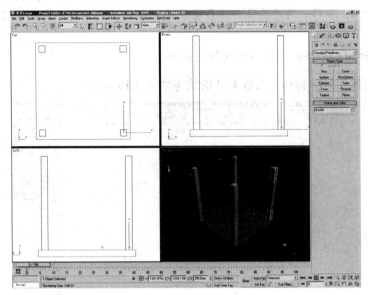

图 3.21　四根柱子的位置

3.1.3　制作坐凳

(1) 在顶视图创建一个 Length 为 300.0、Width 为 800.0、Height 为 50.0 的 Box，作为亭子的坐凳 1，如图 3.22 所示。

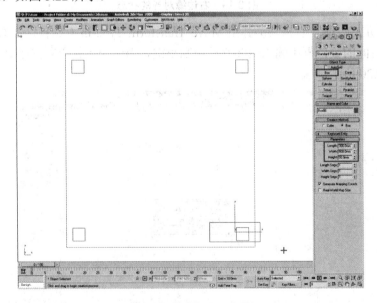

图 3.22　创建亭子的坐凳 1

(2) 调整坐凳 1 的位置。

① 先在 Top 视图中将坐凳 1 右边缘的中心点与柱子右边缘的中心点对齐。

按 X 键锁定轴向，按 F6 键控制 Y 轴，鼠标放在当前物体右边缘的中心点上，中心点的位置会出现一个蓝色的方框，如图 3.23 所示。拖动鼠标向右移动到目标物体右边缘的中心点上，目标物体中心点的位置也会出现一个蓝色的方框，就代表两个中心点对齐了，如图 3.24 所示。

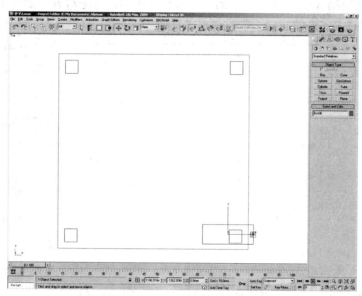

图 3.23　鼠标的初始位置

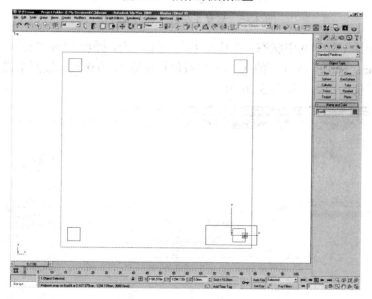

图 3.24　鼠标的最终位置

提示

　　此处初学者比较难以理解，右边缘的中心点对齐需要上下移动物体，鼠标却是左右拖动的，这是因为只有鼠标向左或者向右拖动，才能够捕捉到另一物体右边缘的中心点，但物体本身却不会左右移动，因为物体的移动是受轴向控制的，而此时轴向已被锁定，限制在只能沿 Y 轴上下移动，所以无论鼠标怎么拖动，物体移动的方向只能是上下的，从而可以实现两个物体右边缘的中心点对齐。

② 按 F5 键控制 X 轴，将坐凳 1 的右边缘与柱子的右边缘对齐，如图 3.25 所示。

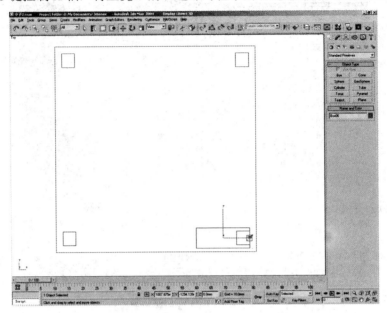

图 3.25 坐凳 1 与柱子右边缘对齐

③ 确定坐凳 1 处于选中状态，在移动工具 上右击，弹出 Move Transform Type-In 对话框，在 Offset：Screen 选项下的 X 后面的数值框中输入 50.0 然后按回车键，将坐凳 1 向右移动 50 个单位的距离，如图 3.26 所示。

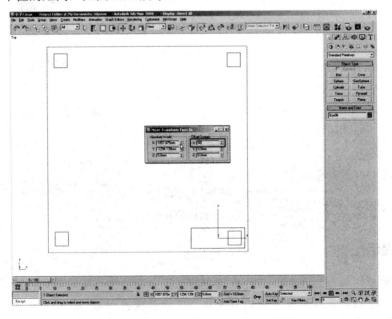

图 3.26 将坐凳 1 向右移动 50 个单位的距离

④ 切换到前视图,将坐凳 1 的下边缘与底座的上边缘对齐,如图 3.27 所示。

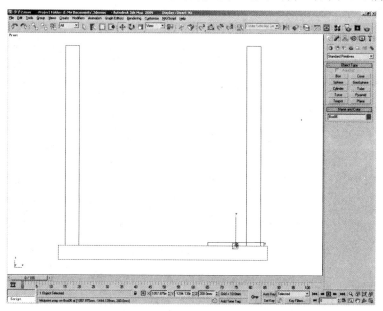

图 3.27　坐凳 1 下边缘与底座上边缘对齐

⑤ 确定坐凳 1 处于选中状态,在移动工具 ✛ 上右击,弹出 Move Transform Type-In 窗口,在 Offset:Screen 选项下的 Y 后面的数值框中输入 350.0 然后按回车键,将坐凳 1 向上移动 350 个单位的距离,如图 3.28 所示。

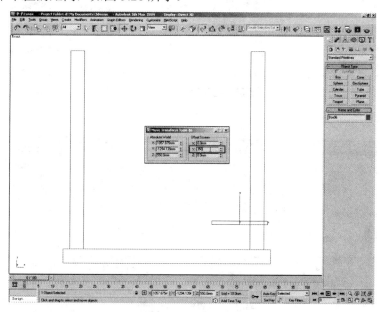

图 3.28　将坐凳 1 向上移动 350 个单位的距离

(3) 将坐凳 1 向左复制，放在与坐凳 1 对称的位置作为坐凳 2，复制的方式选择 Instance，如图 3.29 所示。

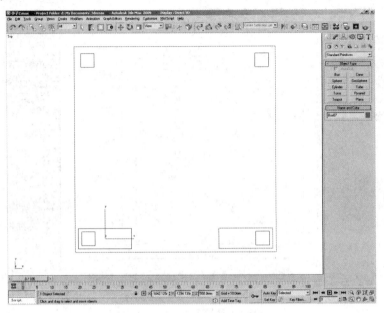

图 3.29　复制得到坐凳 2

(4) 将坐凳 2 向上复制作为坐凳 3，复制的方式选择 Copy，单击 OK 按钮，如图 3.30 所示。

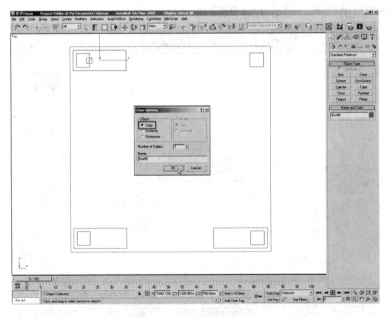

图 3.30　复制得到坐凳 3

(5) 选中坐凳 3，进入修改命令面板 ，将坐凳 3 的 Width 修改为 2900，如图 3.31 所示。

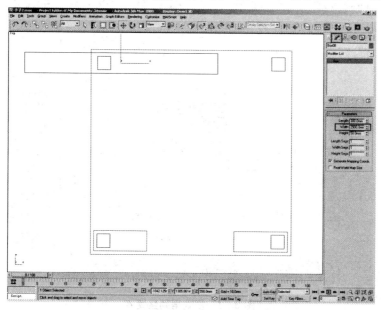

图 3.31　修改坐凳 3 的参数

(6) 将坐凳 3 上边缘的中心点与底座上边缘的中心点对齐，如图 3.32 所示。

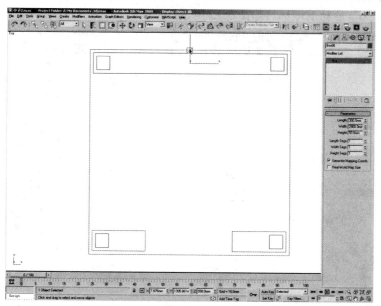

图 3.32　对齐

(7) 将坐凳 2 再次以 Copy 的方式复制，作为坐凳 4，如图 3.33 所示。

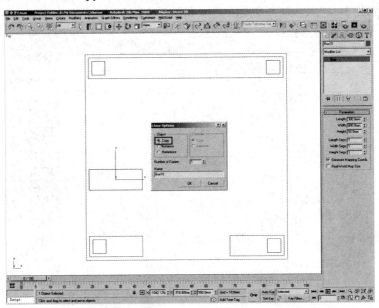

图 3.33 复制得到坐凳 4

(8) 激活旋转工具 ↻，并打开角度捕捉 ◢，确定轴向没有锁定，在坐凳 4 上会出现两个圆线框，将鼠标放在外侧的圆线框上，如图 3.34 所示。然后向上拖动鼠标，物体就会开始旋转，转满 90° 后释放鼠标，如图 3.35 所示。

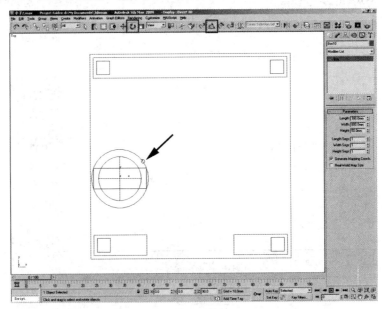

图 3.34 旋转物体时鼠标的位置

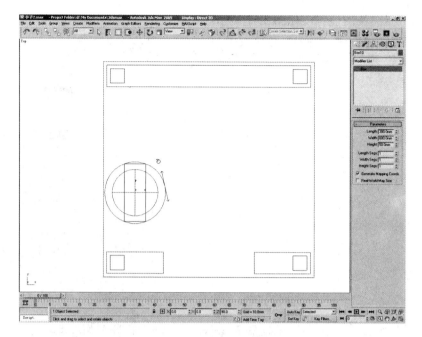

图 3.35　旋转的结果

(9) 选中坐凳 4，进入修改命令面板 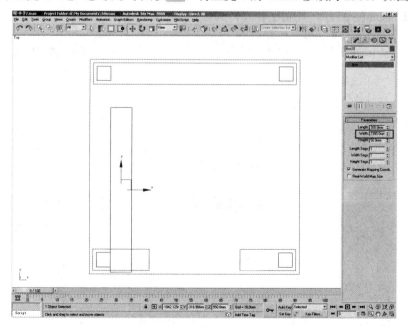，将坐凳 4 的 Width 修改为 2300，如图 3.36 所示。

图 3.36　修改坐凳 4 的参数

(10) 对齐坐凳 4 的位置，如图 3.37 所示。

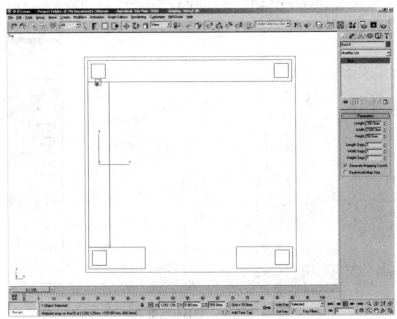

图 3.37　坐凳 4 的位置

(11) 以 Instance 的方式复制坐凳 4 得到坐凳 5，如图 3.38 所示。

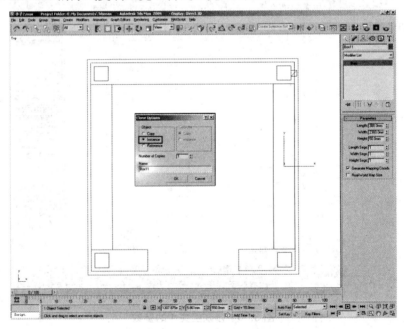

图 3.38　坐凳 5 的位置

(12) 坐凳组合的效果如图 3.39 所示。

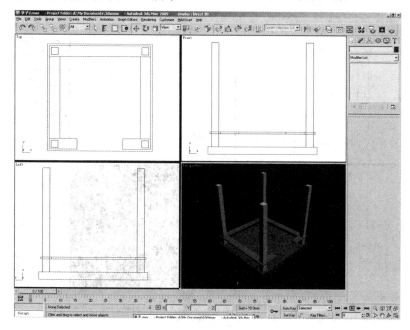

图 3.39　坐凳的效果

3.1.4　制作坐凳支撑

(1) 在顶视图创建一个 Length 为 300.0、Width 为 50.0、Height 为 350.0 的 Box，作为坐凳支撑 1，如图 3.40 所示。

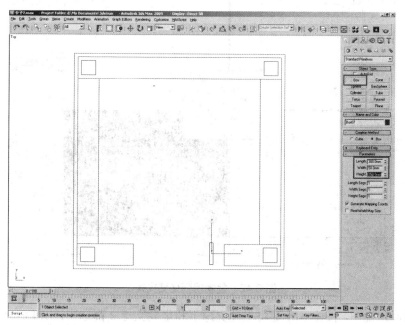

图 3.40　创建坐凳支撑 1

(2) 坐凳支撑 1 的位置如图 3.41 所示。

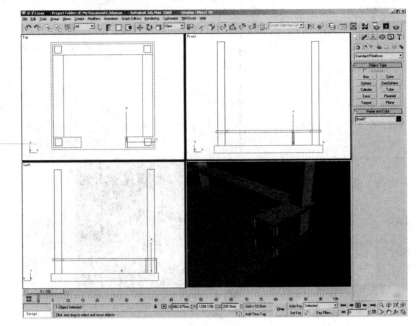

图 3.41　坐凳支撑 1 的位置

(3) 以 Instance 的方式复制得到坐凳支撑 2，如图 3.42 所示。

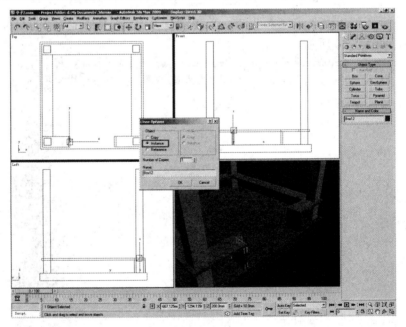

图 3.42　复制得到坐凳支撑 2

(4) 激活顶视图，按住 Ctrl 键将坐凳支撑 1 和坐凳支撑 2 都选中，以 Instance 的方式复制得到坐凳支撑 3(两个是同时复制出来的，因此只起一个名字)，如图 3.43 所示。

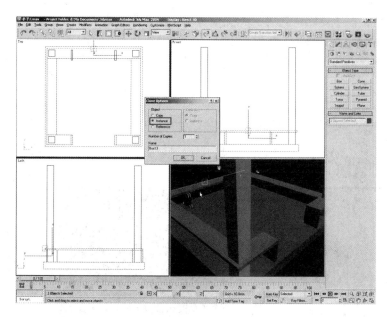

图 3.43　复制得到坐凳支撑 3

提示

选择多个物体时，需按住 Ctrl 键，用移动工具 依次单击物体的线框或者框选相邻的多个物体。若要从已选中的多个物体中取消某个物体的选择，则需按住 Alt 键，再用移动工具 单击该物体的线框。

(5) 将坐凳支撑 2 再次选中，复制，作为坐凳支撑 4，并将其旋转 90°，放在坐凳 4 的中心，如图 3.44 所示。

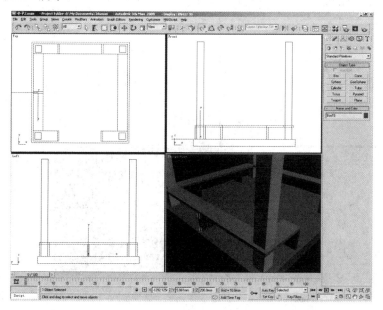

图 3.44　坐凳支撑 4 的位置

(6) 将坐凳支撑 4 复制，作为坐凳支撑 5，放在坐凳 5 的中心，如图 3.45 所示。

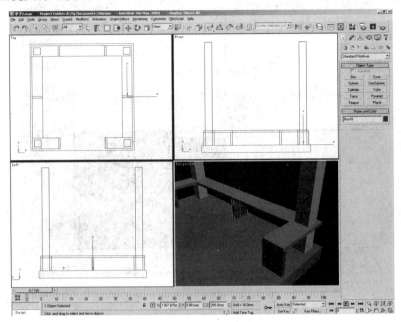

图 3.45　坐凳支撑 5 的位置

3.1.5　制作檩条

(1) 在顶视图创建一个 Length 为 150.0、Width 为 2400.0、Height 为 150.0 的 Box，作为亭子的檩条。第一根檩条的位置如图 3.46 所示，在顶视图中放在两根柱子的中心，在前视图中与柱子的上边缘对齐。

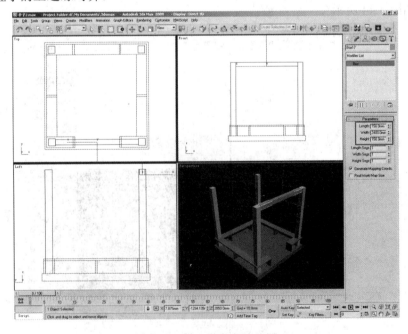

图 3.46　第一根檩条的位置

(2) 复制得到另外 3 根檩条，如图 3.47 所示。

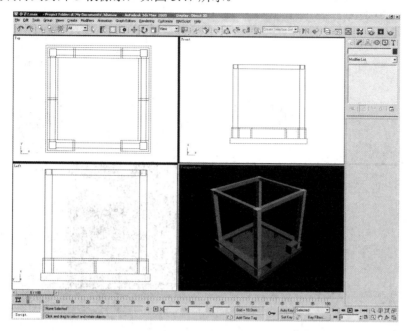

图 3.47　复制檩条

(3) 将 4 根檩条全部选中，向下复制一组，两组檩条的间距是 100.0，如图 3.48 所示。

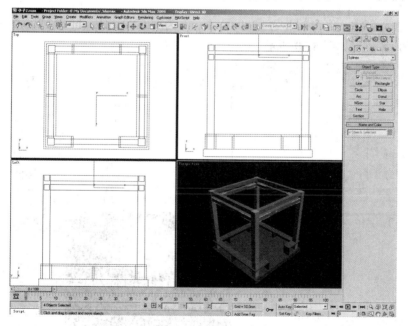

图 3.48　复制第二组檩条

3.1.6　制作檐口

在顶视图中创建一个 Length 为 3500.0、Width 为 3500.0、Height 为 100.0 的 Box，作

为亭子的檐口，位置如图 3.49 所示。

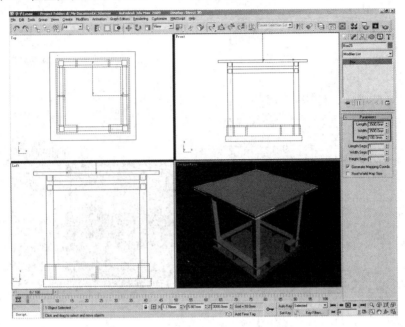

图 3.49　制作亭子的檐口

3.1.7　制作顶

在顶视图中创建一个 Width 为 3200.0、Depth 为 3200.0、Height 为 1200.0 的 Pyramid，作为亭子的顶，位置如图 3.50 所示。

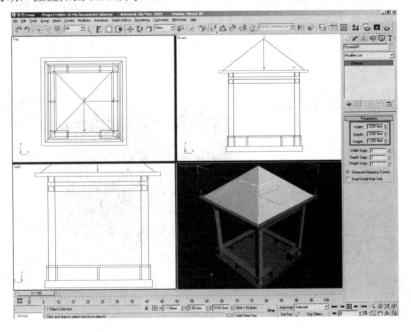

图 3.50　制作亭子的顶

3.1.8 制作顶尖

(1) 在顶视图中创建一个 Width 为 600.0、Depth 为 600.0、Height 为-1000.0 的 Pyramid，作为亭子的顶尖，初始位置如图 3.51 所示，两个 Pyramid 顶尖对齐。

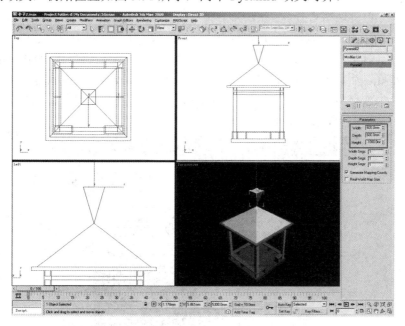

图 3.51 制作亭子的顶尖

(2) 在前视图中将亭子的顶尖向下移动 500 个单位，如图 3.52 所示。

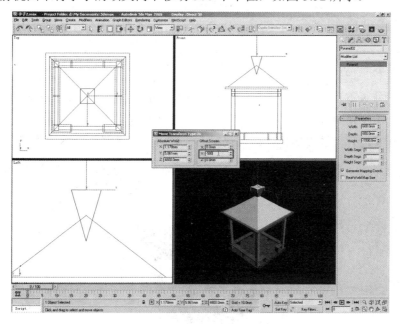

图 3.52 向下移动亭子的顶尖

至此亭子的模型制作完毕，下面调整亭子的材质。

3.2 编辑红色油漆材质

选中除底座以外的所有物体，然后打开主工具栏的材质编辑器 ，编辑红色油漆材质。

(1) 选择一个材质球，单击 Blinn Basic Parameters 卷展栏下的 Diffuse 后面的色块，在弹出的 Color Selector：Diffuse Color 面板中选择一种红色，参考数值为 R：180、G：0、B：0。

材质调整好以后，单击 Assign Material to Selection 按钮，将编辑好的油漆材质赋予选中的物体。当前材质球的 4 个角会显示为实心三角形，表示该材质已应用到场景中并且所对应的模型处于选中状态，如图 3.53 所示。

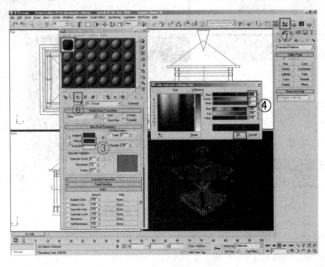

图 3.53　调整颜色

提示

在不同的环境中，物体材质的参数是不一样的，即使是同一类物体处在同一个环境中，不同的位置由于光照等因素的影响不同，也应该体现细微的差别，因此材质的调整要结合所处的具体环境进行，书中所提供的参数不是固定的，只是起一个参考作用。

(2) 激活透视图，然后单击快速渲染 按钮或按 Shift+Q 键来观察效果，效果如图 3.54 所示。

图 3.54　材质效果

3.3 编辑石材材质

选中底座，然后打开主工具栏的材质编辑器 ▓▓，编辑石材材质。

(1) 选择一个材质球，展开材质编辑器的 Maps 卷展栏，单击 Diffuse(反射)贴图通道后的按钮 None ，在弹出的 Material/Map Browser 对话框中双击 Bitmap(位图)选项，如图 3.55 所示。

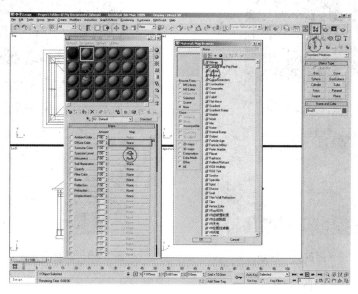

图 3.55 施加贴图

(2) 在弹出的 Select Bitmap Image File 对话框中选择一张合适的贴图文件，双击将其打开，如图 3.56 所示。

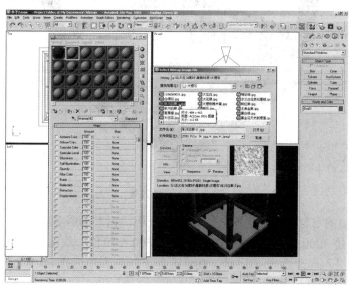

图 3.56 选择贴图

(3) 单击材质球下方的 Go To Parent ⬆ 按钮返回上一层级，如图 3.57 所示。

(4) 在 Blinn Basic Parameters 卷展栏下调整 Specular Level 的数值为 30、Glossiness 的数值为 20。然后单击 Assign Material to Selection 🔲 按钮，将编辑好的石材材质赋予选中的底座，如图 3.58 所示。

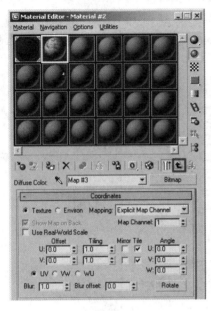

图 3.57　返回上一层级

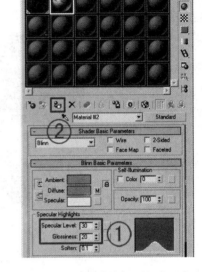

图 3.58　调整高光级别和光泽度

(5) 初步的效果如图 3.59 所示。

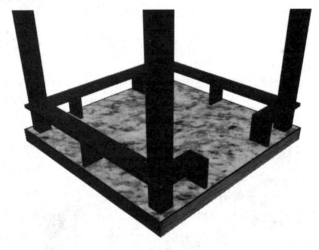

图 3.59　石材效果

(6) 用于地面的石材饰面板通常按一定规格分块，正方形居多。

底座的尺寸是 3000.0，按整数分块的话分成 600 个单位一块比较合适。

选中底座，进入修改命令面板 🖊，在修改器下拉列表中选择 UVW Map 贴图坐标修改命令，如图 3.60 所示。

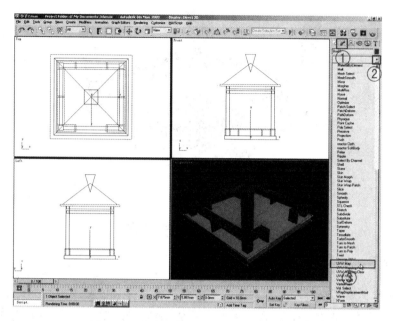

图 3.60　为底座施加 UVW Map 修改命令

（7）在 Parameters 卷展栏下，选择 Box 贴图方式，然后修改下面 Length、Width 和 Height 的数值都为 600.0，如图 3.61 所示。

通常来讲，要求的贴图尺寸是多大，贴图坐标的参数就调成多大。

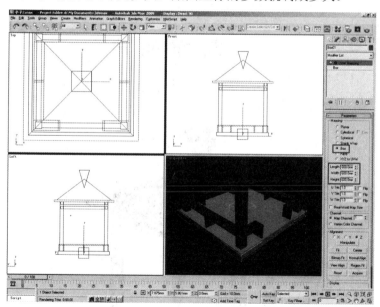

图 3.61　调整贴图坐标参数

（8）调整了贴图坐标之后的材质效果如图 3.62 所示。由于所使用的贴图事先用 Photoshop 描了个黑边，所以材质显示出了分块的效果。

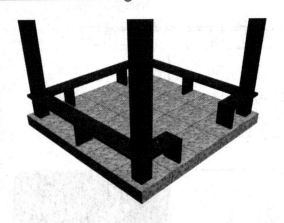

图 3.62　石材材质最终效果

 提示

　　3ds Max 中的贴图坐标决定图片贴在三维模型表面什么位置，以及以多大的尺寸来贴。如果模型上面没有贴图坐标，那么贴图就会自动适合模型的尺寸，与模型等大，比如模型是 100 个单位的，贴图也是这么大。但是如果加了贴图坐标，并设置了相应的尺寸，那么贴图的大小就会被限定在规定的尺寸之内，并按同等大小依次铺贴，把模型表面贴满为止。通俗来讲坐标的尺寸越大，贴图的纹理就越大，如果想要细腻一点的纹理，就需要按照自己的设计意图将坐标的尺寸适当调小。

3.4　制　作　完　成

　　亭子的最终整体效果如图 3.63 所示。

图 3.63　亭子的整体效果

本 章 小 结

(1) 本章的模型比较简单，主要使用 3ds Max 内置的三维几何体在不同的视图中进行创建和组合，练习捕捉状态下物体的移动和对齐。对于初学者来讲，完成这个模型的制作不是目的，通过本模型的制作掌握三维捕捉的正确应用及培养三维立体空间的思维才是本章学习的目标。要善于在不同的视图中，多个角度下组合模型。

(2) 模型材质的调整，通常分为两种情况：一种是完全依靠程序提供的参数来体现模型的颜色、高光、反射等属性；另外一种是施加贴图调整模型的纹理效果。调整颜色和施加贴图不会同时进行，因为贴图会把颜色覆盖掉。

(3) 凡是施加了贴图的模型，必须要通过 UVW Map(贴图坐标)来控制贴图纹理的大小和方向，而不是仅仅把贴图加上就好。如果只施加了贴图而没有调整贴图坐标，那么这个步骤只能算是完成了一半。

课 后 习 题

1．请描述三维捕捉的设置要点，并举例说明捕捉操作时鼠标的运动轨迹。
2．简述贴图坐标的作用与调整原则。
3．请思考建模的顺序如何确定。
4．制作以下拓展练习模型。
(1) 茶几。茶几的效果图如图 3.64 所示。

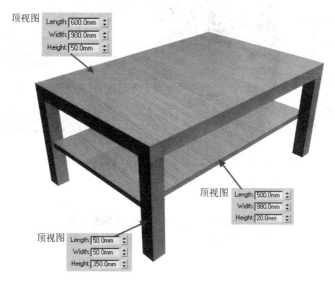

图 3.64　拓展训练模型——茶几

(2) 藤架。藤架的效果图如图 3.65 所示。

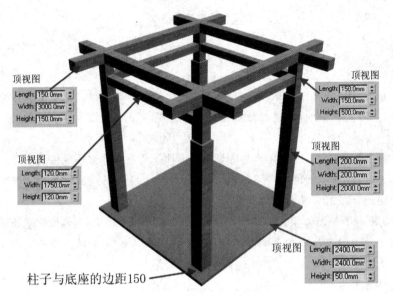

图 3.65　拓展训练模型——藤架

(3) 书橱电脑桌一体。书橱电脑桌一体的效果图如图 3.66 所示。

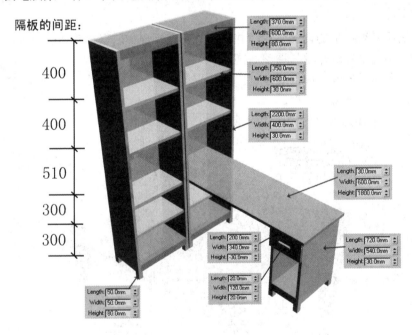

图 3.66　拓展训练模型——书橱电脑桌一体

第 **4** 章

旋转楼梯的制作

项目概述

在制作效果图时，经常会有大量需要复制的模型，在楼梯这一类的有节奏感的模型中体现的更为明显，因为它的组成单元是相同的。复制功能为工作提供了便利，而且 3ds Max 还提供了阵列复制这一高效的复制方式，只要制作出楼梯的一个单元组件，通过阵列复制命令，正确设置所需要的参数，就可以得到完整的楼梯模型。

任务目标

任务目标	学习心得	权重
进一步掌握三维物体的创建、调整与组合		20%
掌握物体快速对齐的方法		20%
熟练控制物体的精确移动		20%
熟悉 Array 面板的参数设置		15%
掌握可渲染线的绘制和参数设置		25%

引例

美国惊悚电影《旋转楼梯》中阴森恐怖的旋转楼梯给不少人留下了深刻的印象，使得人们对旋转楼梯在一定程度上有了一些恐惧心理。其实现代家居生活中，包含旋转楼梯模式的户型是很常见的，而且现代旋转楼梯设计风格多变，造型精美。同时旋转楼梯有效的空间节约性使得它深受广大消费者的喜爱。如图 4.1 所示这张旋转楼梯设计效果图给我们带来的是一款中式风格的旋转楼梯设计案例，典型中式风格设计的特征——中国龙这一形象元素的运用，构思巧妙、工艺精湛，古朴典雅的实木材质与中式传统元素完美结合。如图 4.2 所示这张造型奇特的旋转楼梯设计效果图给我们带来的是一款 2013 年最新田园风格的旋转楼梯设计案例，该旋转楼梯具有错落有致的踏脚设计，独特的造型和极强的视觉冲击力，雅致、淳朴的实木材质与现代钢材质的结合，充满了自然丰韵亦不失现代时尚感。

图 4.1　中式风格实木旋转楼梯　　　　　图 4.2　现代别墅楼梯

思考：制作旋转楼梯效果图。

任务内容

本任务是用三维建模的方法创建支柱底座、楼梯支柱、栏杆和钢卡，用二维建模的方法创建楼梯踏板，然后通过阵列复制得到楼梯，最后用可渲染线绘制楼梯扶手。二维建模和可渲染线的设置是制作效果图常用的建模方法，内容比较重要。任务完成后的最终效果如图 4.3 所示。

图 4.3　旋转楼梯

 任务实施流程

1．制作支柱底座	2．制作支柱	3．制作楼梯踏板
4．制作第一根栏杆	5．复制第二根栏杆	6．复制第三根栏杆
7．制作钢卡	8．阵列复制	9．绘制楼梯扶手

续表

10. 制作支柱顶端装饰		
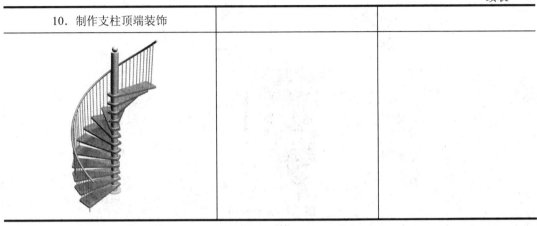		

4.1　旋转楼梯制作具体流程

4.1.1　制作支柱底座

在顶视图中创建一个 Radius 为 180.0、Height 为 20.0、Height Segments 为 1 的 Cylinder，作为旋转楼梯支柱的底座，如图 4.4 所示。

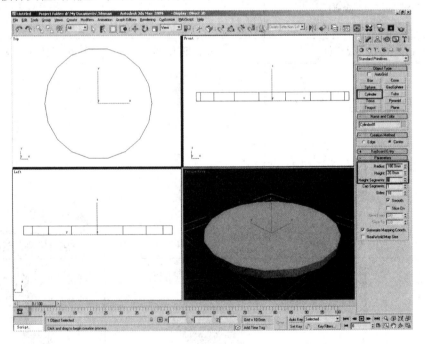

图 4.4　创建底座

4.1.2　编辑白色面漆材质赋予底座

(1) 打开材质编辑器 ，选择一个材质球，单击 Blinn Basic Parameters 卷展栏下的

Diffuse 选项后面的色块，在弹出的 Color Selector：Diffuse Color 面板中调整 Value 的数值
为 250，如图 4.5 所示。

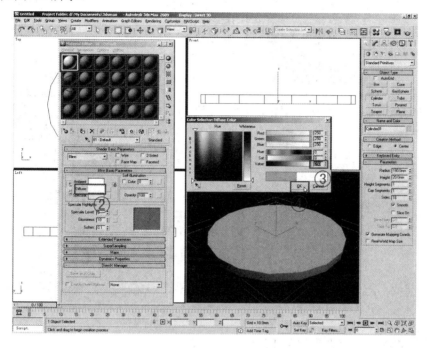

图 4.5　调整面漆的颜色

（2）在 Blinn Basic Parameters 卷展栏下调整 Specular Level 的数值为 40、Glossiness 的
数值为 30，如图 4.6 所示。

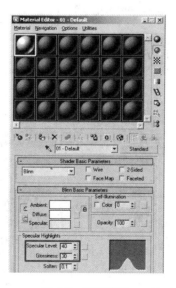

图 4.6　调整高光

（3）展开材质编辑器的 Maps 卷展栏，单击 Diffuse(反射)贴图通道后的按钮
<u>　　　None　　　</u>，在弹出的 Material/Map Browser 对话框中双击 Raytrace(光线追踪)选项，
如图 4.7 所示。

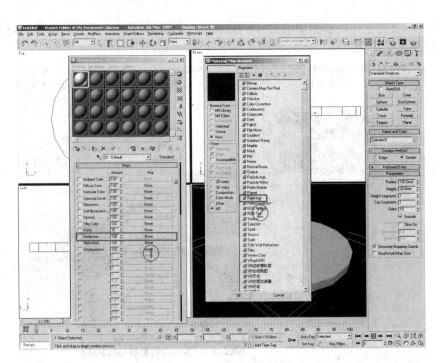

图 4.7　施加光线追踪贴图

(4) 光线追踪的参数设置如图 4.8 所示。

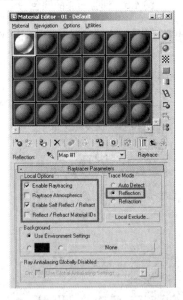

图 4.8　光线追踪的设置

 提示

为材质施加反射的时候，Raytrace Parameters 卷展栏的参数设置都一样，一定要牢记。

(5) 单击材质球下方的 Go to Parent 按钮返回上一层级，如图 4.9 所示。

(6) 将 Reflection 的数值调整为 5，然后单击 Assign Material to Selection 按钮，将编辑好的面漆材质赋予底座，如图 4.10 所示。

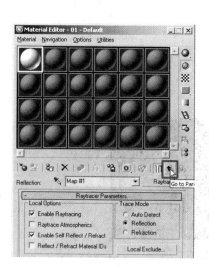

图 4.9　返回上一层级

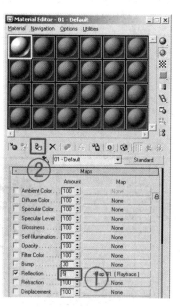

图 4.10　调整参数

4.1.3　制作支柱

(1) 在顶视图中创建一个 Radius 为 80.0、Height 为 3500.0、Height Segments 为 1 的 Cylinder，作为旋转楼梯的支柱，如图 4.11 所示。

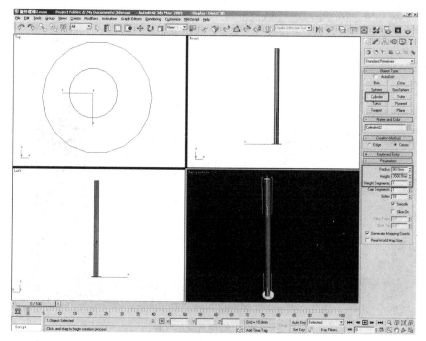

图 4.11　创建支柱

(2) 用移动工具 ✛ 配合三维捕捉 ⚲³ 工具将支柱与底座在顶视图中的中心对齐。在前视图中支柱的下边缘对齐到底座的上边缘，赋予前面编辑好的白色面漆材质，如图 4.12 所示。

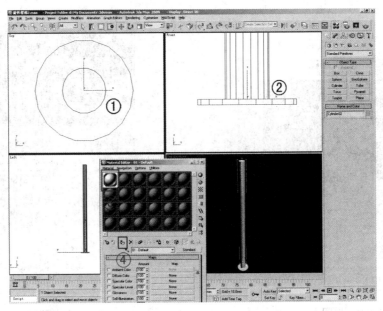

图 4.12　支柱的位置和材质

4.1.4　制作楼梯踏板

(1) 在顶视图中绘制一个 Length 为 400.0、Width 为 1200.0 的 Rectangle，如图 4.13 所示。

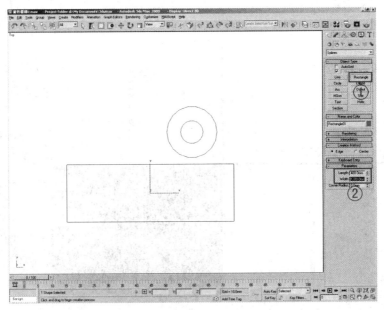

图 4.13　绘制 Rectangle

(2) 确认该矩形处于选中状态，进入修改命令面板，在修改器列表中选择 Edit Spline 修改命令，如图 4.14 所示。

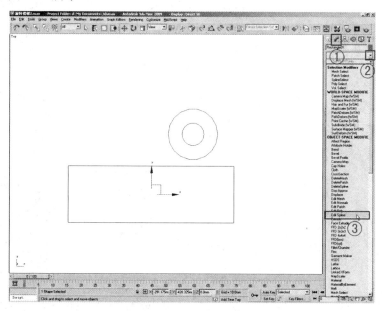

图 4.14　施加修改命令

(3) 在修改器堆栈中将 Edit Spline 展开，选择 Segment 选项，激活缩放工具 ▣，用缩放工具 ▣ 选中矩形的左边缘，然后在缩放工具 ▣ 上右击，弹出 Scale Transform Type-In 窗口，在 Offset：Screen 选项下的数值框中输入 60 并按回车键，矩形被选中的一边就会缩小。操作顺序如图 4.15 所示，缩放结果如图 4.16 所示。

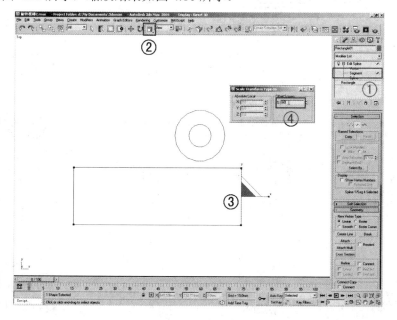

图 4.15　缩小一边

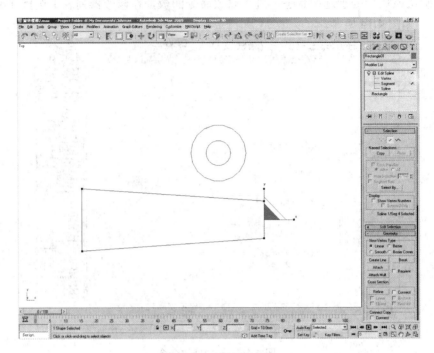

图 4.16　缩放的结果

(4) 选择 Vertex 选项，用移动工具 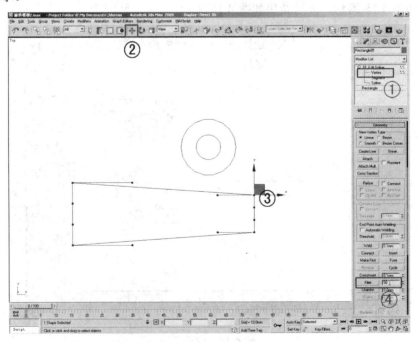 框选中矩形的 4 个角点，在 Geometry 卷展栏下 Fillet 选项后面的数值框中输入 50 并按回车键。操作顺序如图 4.17 所示，圆角的结果如图 4.18 所示。

图 4.17　圆角的过程

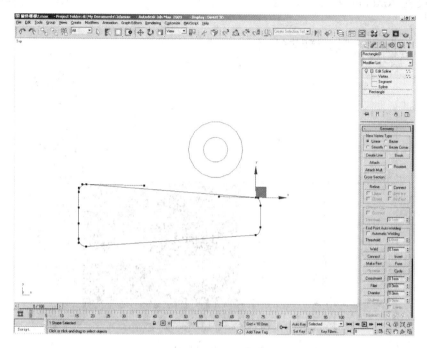

图 4.18　圆角的结果

(5) 圆角完成后在修改器列表中选择 Extrude 命令，如图 4.19 所示。

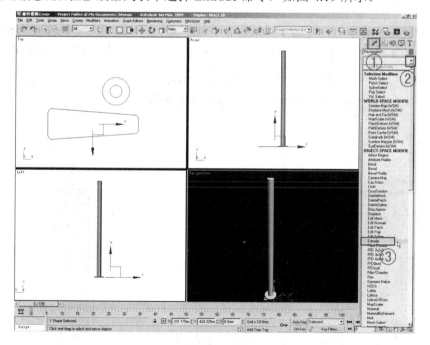

图 4.19　选择 Extrude 命令

(6) 设置 Amount 为 40.0，矩形就会被挤出为三维物体，该物体作为楼梯踏板，如图 4.20 所示。

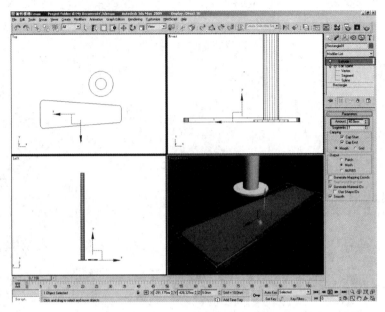

图 4.20 挤出的结果

提示

绘制物体的轮廓线，再通过 Extrude 命令给予其一定厚度，从而转换为三维物体的过程称为二维建模。二维建模是比较常用的建模方法，在建筑效果图的墙体制作中尤其重要。

(7) 在顶视图中先将踏板与支柱在 Y 轴中心对齐，在 X 轴右边缘对齐，如图 4.21 所示。

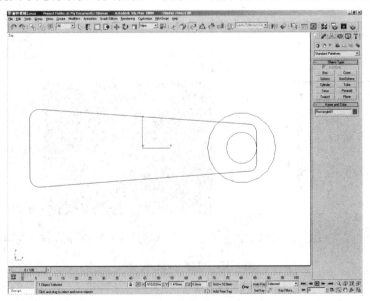

图 4.21 踏板在顶视图的初始位置

(8) 在移动工具 ✛ 上右击，弹出 Move Transform Type-In 窗口，在 Offset：Screen 选项下的 X 数值框中输入 50 并按回车键，如图 4.22 所示。踏板会向右移动 50 个单位的距离，如图 4.23 所示。踏板在顶视图中的位置就确定了。

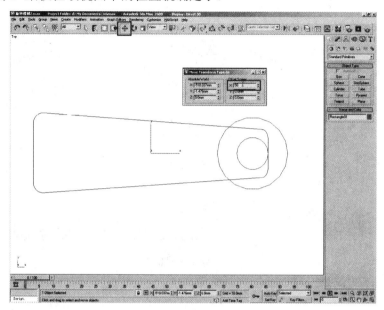

图 4.22　向右移动的距离

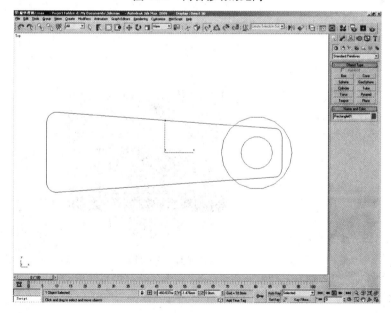

图 4.23　移动的结果

(9) 在前视图中确定踏板下边缘与底座下边缘是对齐的，在移动工具 ✛ 上右击，弹出 Move Transform Type-In 窗口，在 Offset：Screen 选项下的 Y 数值框中输入 160 并按回车键，如图 4.24 所示。踏板会向上移动 160 个单位的距离，如图 4.25 所示。踏板在前视图中的位置就确定了。

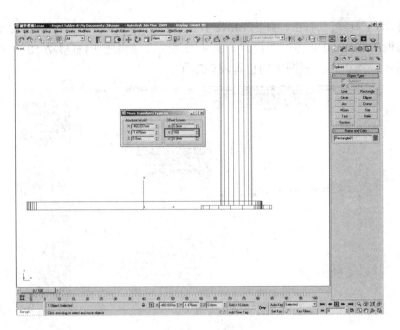

图 4.24　向上移动的距离

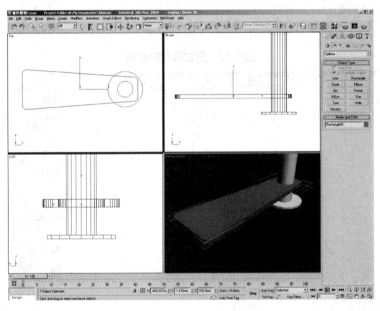

图 4.25　踏板的最终位置

 提示

　　套内楼梯的净宽，当一边临空时不应小于 750mm，当两侧有墙时不应小于 900mm，这一规定是搬运家具和日常物品上下楼梯的合理宽度。此外，套内楼梯的踏步宽度不应小于220mm，高度不应大于 200mm。

4.1.5　编辑木材材质赋予楼梯踏板

　　(1) 选择一个材质球，展开材质编辑器的 Maps 卷展栏，单击 Diffuse 贴图通道后的按钮 None ，在弹出的 Material/Map Browser 对话框中双击 Bitmap 选项，如图 4.26 所示。

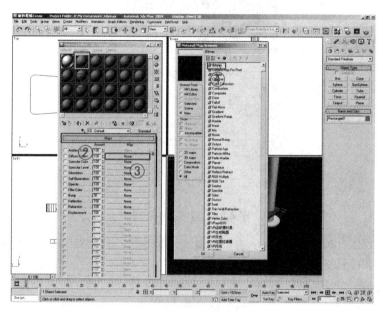

图 4.26　施加贴图的顺序

　　(2) 在弹出的 Select Bitmap Image File 对话框中选择一张合适的贴图文件，双击将其打开，如图 4.27 所示。

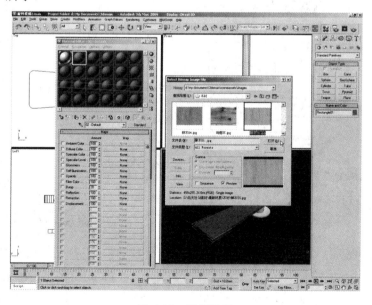

图 4.27　选择贴图

(3) 单击材质球下方的 Go to Parent 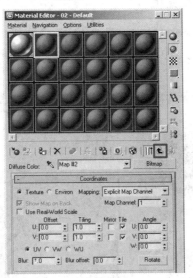 按钮返回上一层级，如图 4.28 所示。

图 4.28　返回上一层级

(4) 单击 Reflection 贴图通道后的按钮 None ，在弹出的 Material/Map Browser 对话框中双击 Raytrace 选项，如图 4.29 所示。

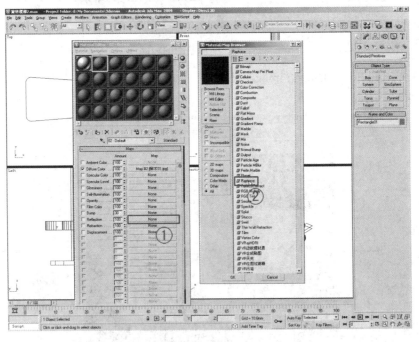

图 4.29　施加反射

(5) 为 Reflection 施加 Raytrace 后，会进入 Raytracer Parameters 面板，在该面板中作如图 4.30 所示的设置。然后再次单击材质球下方的 Go To Parent 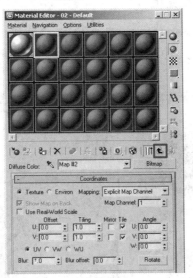 按钮返回上一层级，将 Reflection 贴图通道后面的 Amount 设置为 10，如图 4.31 所示。

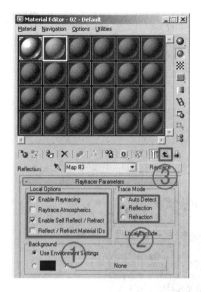

图 4.30　Raytrace 的设置

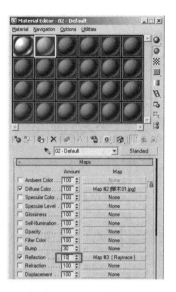

图 4.31　反射的强度设置

(6) 在 Blinn Basic Parameters 卷展栏下调整 Specular Level 的数值为 30、Glossiness 的数值为 20。然后单击 Assign Material to Selection 按钮，将编辑好的木材材质赋予选中的楼梯踏板，如图 4.32 所示。

(7) 激活透视图，然后单击快速渲染 按钮或按 Shift+Q 键来观察效果，如图 4.33 所示。

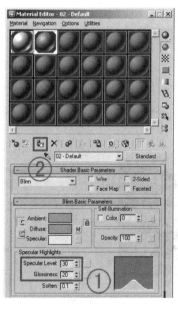

图 4.32　调整高光

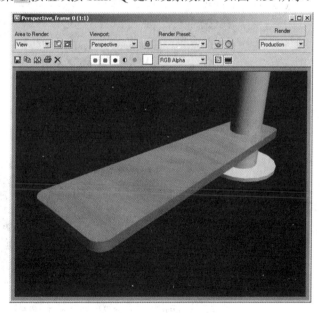

图 4.33　材质效果

4.1.6　制作栏杆

(1) 在顶视图中创建一个 Radius 为 10.0、Height 为 1000.0、Height Segments 为 1 的 Cylinder，作为旋转楼梯支柱的栏杆。第一根栏杆的位置如图 4.34 所示。在顶视图中栏杆的左边缘与踏板的左边缘相距 50 个单位，下边缘与踏板圆角的第一点对齐；前视图中下边缘与底座的下边缘对齐。

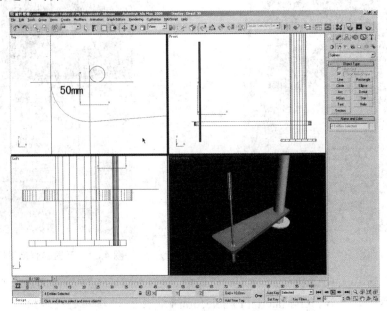

图 4.34　第一根栏杆的位置

(2) 赋予前面编辑好的白色面漆材质，如图 4.35 所示。

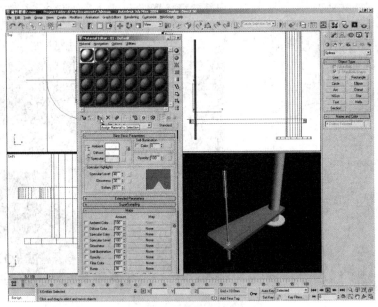

图 4.35　赋予材质

(3) 将第一根栏杆复制作为第二根栏杆，在修改面板 中将 Height 修改为 867.0。位置如图 4.36 所示，在顶视图中两根栏杆的边距是 75 个单位，在左视图中与踏板的上边缘对齐。

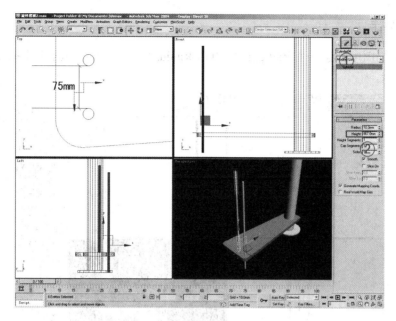

图 4.36　第二根栏杆的位置

(4) 将第二根栏杆复制作为第三根栏杆，在修改面板 中将 Height 修改为 934.0。位置如图 4.37 所示，在顶视图中与第二根栏杆的边距是 75 个单位，在左视图中与踏板的上边缘对齐。

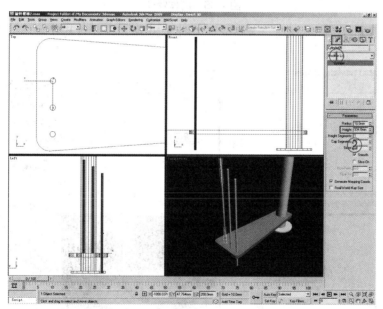

图 4.37　第三根栏杆的位置

提示

楼梯的 3 根栏杆是依次均匀升高的，才能把螺旋状的扶手装上去，所以要计算一个精确的落差尺寸。

4.1.7 制作钢卡

(1) 在顶视图中创建一个 Radius1 为 90.0，Radius2 为 10.0 的 Torus 来模拟楼梯的钢卡，如图 4.38 所示。

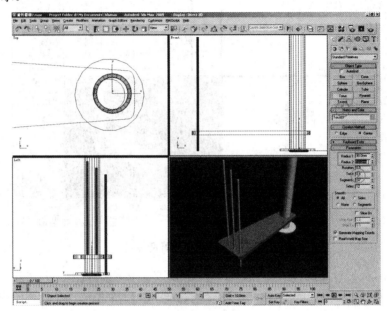

图 4.38 制作钢卡

(2) 赋予钢卡白色面漆材质，调整位置如图 4.39 所示，并将其复制，在踏板的上下方各放置一个。

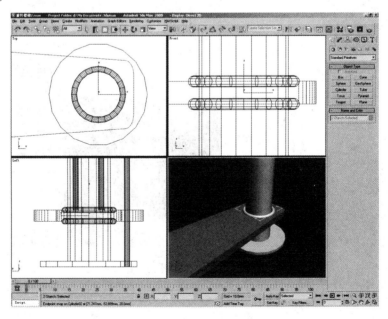

图 4.39 钢卡的位置

4.1.8 阵列复制

(1) 将楼梯踏板、3 根栏杆、2 个钢卡同时选中，运行 Group→Group 命令，如图 4.40 所示，将选中的物体群组。

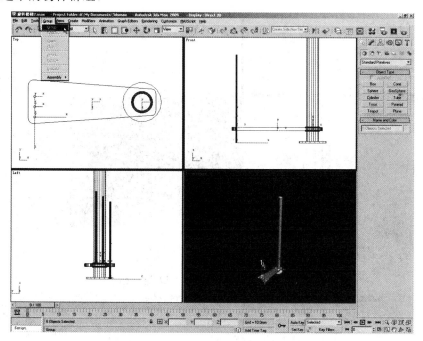

图 4.40 运行群组命令

(2) 在运行 Group 命令后弹出的 Group 对话框上单击 OK 按钮，如图 4.41 所示。群组后的楼梯组件名叫 Group01。

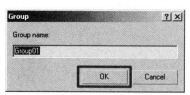

图 4.41 群组面板

提示

群组是为了将多个独立的物体当做一个整体来对待，方便进行选择、移动、复制等操作。

(3) 在顶视图中选中 Group01，进入层级面板 ，激活 Pivot 下的 Affect Pivot Only 按钮，用移动工具 配合三维捕捉 工具，如图 4.42 所示，将 Group01 的坐标轴对齐到支柱的中心，对齐之后 Group01 坐标轴的位置如图 4.43 所示。

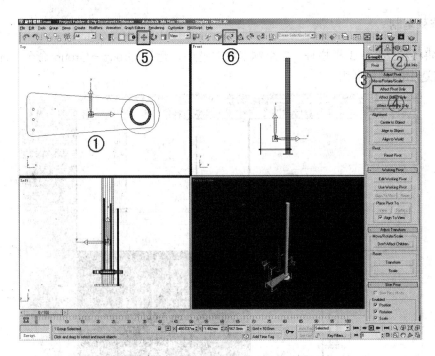

图 4.42 激活 Affect Pivot Only 按钮

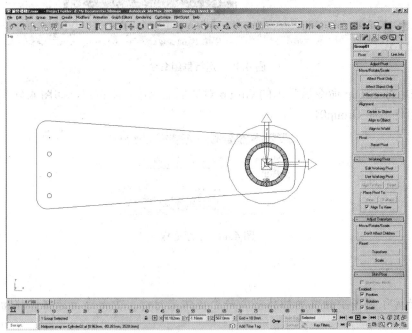

图 4.43 Group01 坐标轴的位置

 提示

　　物体旋转是以坐标轴为圆心进行的，本章中旋转楼梯的踏板是围绕支柱旋转的，所以就要把楼梯踏板这一组物体的坐标轴对齐到支柱的中心，以保证旋转阵列的结果正确。

(4) 进入创建面板 ，在顶视图中，确定 Group01 处于选中状态，运行 Tools→Array 命令，如图 4.44 所示。

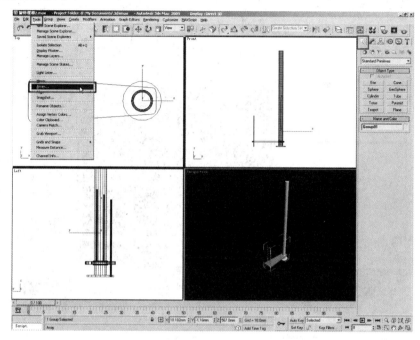

图 4.44　运行阵列命令

(5) Array 对话框的设置如图 4.45 所示。先将 Preview 按钮激活；设置 Array Dimensions 下 1D 的 Count 为 13；设置 Move 左侧 Z 轴下的数值框为 200.0；设置 Rotate 左侧 Z 轴下的数值框为-16.0。最后单击 OK 按钮。

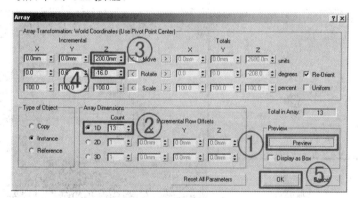

图 4.45　阵列面板的设置

提示

阵列是效果图制作中常用的复制方式，适用对象是需要按同一间距多次复制的物体，优点是复制效率高而且可以预览结果。

(6) 阵列的结果如图 4.46 所示。

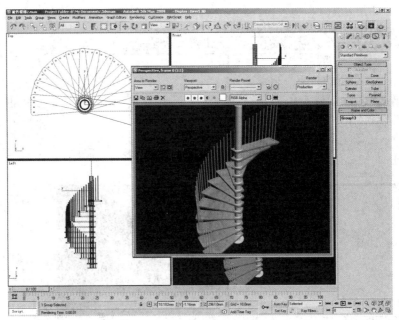

图 4.46 阵列的结果

4.1.9 绘制楼梯扶手

(1) 在顶视图中绘制一条 Radius1 为 1020.0、Radius2 为 1020、0，Height 为 2700.0、Turns 为 0.6 的 Helix，作为楼梯扶手的雏形，如图 4.47 所示。

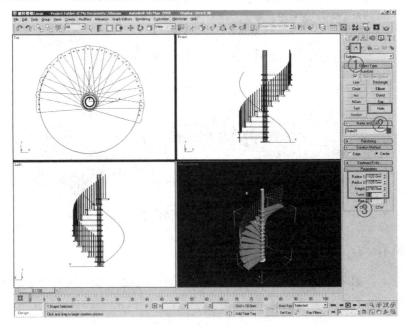

图 4.47 绘制螺旋线

（2）确认绘制的楼梯扶手处于选中状态，进入修改面板 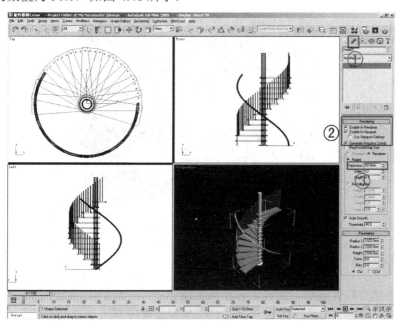，展开 Rendering 卷展栏，勾选 Enable In Renderer、Enable In Viewport 和 Generate Mapping Coords 三个选项，设置 Thickness 的数值为 50.0，如图 4.48 所示。

图 4.48　可渲染线的设置

（3）用移动工具 ✛ 和旋转工具 ↻ 将扶手放置到如图 4.49 所示的位置。

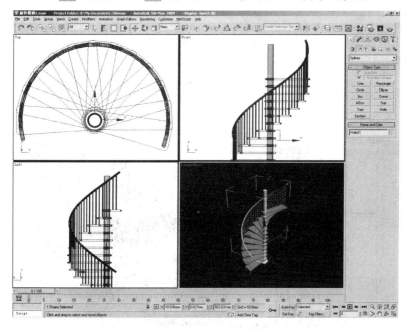

图 4.49　楼梯扶手的位置

(4) 赋予前面编辑好的木材材质，效果如图 4.50 所示。

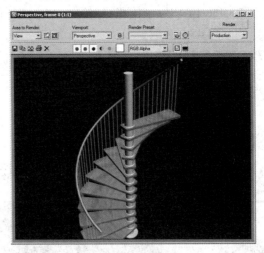

图 4.50 楼体扶手的材质

 提示

二维线本身不能被渲染，也就是在工作视图中可见，渲染图像中不可见，在修改命令面板中设置其可渲染并给予一定的厚度后，在渲染图像中就可以看到这条二维线以三维的方式显示出来，这样可以使用二维线快速地创建扶手、栏杆等线形物体。优点是该线型仍是二维的，不增加场景模型的面数。

4.1.10 制作支柱顶端装饰

在顶视图中创建一个 Radius 为 60.0 的 Sphere，放到支柱的顶端，并与支柱中心对齐，赋予白色面漆材质，如图 4.51 所示。

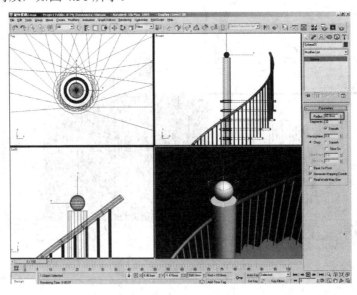

图 4.51 支柱顶端装饰

4.2 制作完成

旋转楼梯的整体效果如图 4.52 所示。

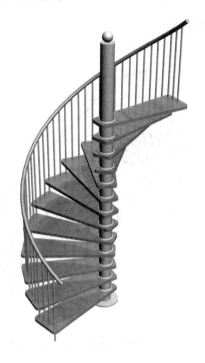

图 4.52 楼梯效果

本 章 小 结

(1) 绘制模型的轮廓线然后挤出得到三维物体的过程称为二维建模，主要的过程是使用 Edit Spline 命令编辑一条闭合的线型，操作步骤比较多，需要按照正确的顺序进行。

(2) 阵列是一种有效率的复制方式，可以通过一次操作快速复制形体相同、间距相等的多个物体，还可以按某种路径比如环形、S 形排列物体。要能够使用阵列复制的功能解决与快速复制有关的综合性问题。

(3) 可渲染线是使用二维线型模拟三维物体的建模方法，既能生成所需要的模型，又不占用系统空间，可以提高计算机运算的速度。凡是线形物体如窗帘杆、楼梯栏杆、楼梯扶手等都可以通过可渲染线创建。

课 后 习 题

1. 描述阵列面板各项参数的含义。
2. 简答物体的坐标轴如何移动。
3. 简述可渲染线设置的要点。
4. 制作如图 4.53～图 4.58 所示的拓展练习模型。

图 4.53　拓展训练模型——整体效果

图 4.54　拓展训练模型——左视图组合方式

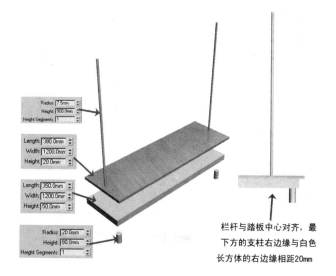

栏杆与踏板中心对齐，最
下方的支柱右边缘与白色
长方体的右边缘相距20mm

图 4.55　拓展训练模型——一组踏板的参数和组合方式

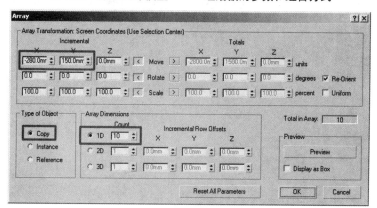

图 4.56　拓展训练模型——左视图中操作阵列面板的设置

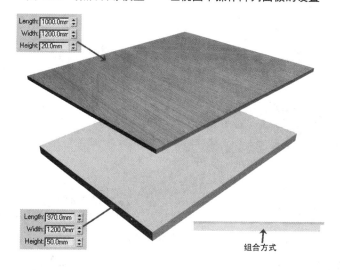

组合方式

图 4.57　拓展训练模型——顶端踏板的尺寸和组合方式

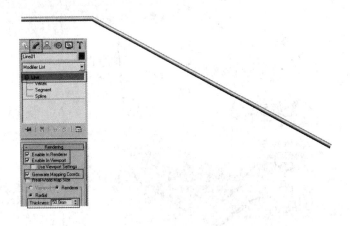

图 4.58　拓展训练模型——扶手的参数

第 **5** 章

花格的制作

项目概述

在建模的过程中，往往是三维、二维建模的方法同时使用，其中二维建模功能更强大，用途更广泛，操作的要点是使用 Edit Spline 命令编辑模型的轮廓线。因为大部分的建筑、家具模型都是通过二维建模的方法制作的，所以要熟练掌握 Edit Spline 命令的功能。本项目中的建筑框架都是标准的几何体，用三维建模的方法即可，花格部分轮廓线比较复杂，需要用二维建模的方法来完成。

任务目标

任务目标	学习心得	权重
熟悉 Edit Spline 命令的功能		20%
掌握样条线的绘制与编辑		20%
掌握二维线型的布尔运算		20%
掌握二维线型转换为三维物体的方法		15%
掌握修改器堆栈的内容和功能		25%

引例

留园位于苏州阊门外，原是明嘉靖年间太仆寺卿徐泰时的东园，清嘉庆年间，刘恕以故园改筑，名寒碧山庄，又称刘园，园中聚太湖石十二峰，蔚为奇观。咸宁年间，苏州诸园颇多毁损，而此园独存。光绪初年为盛康所得，修葺拓建，易名留园。留园三绝是冠云峰、楠木殿、鱼化石，为全国重点文物保护单位，与拙政园、北京颐和园、承德避暑山庄齐名，为全国"四大名园"，1997 年列入"世界遗产名录"，其中作为整个留园的"螺丝钉"——墙花格是留园不可缺少的一部分，如图 5.1、图 5.2 所示。

图 5.1　苏州留园内院花格

图 5.2　苏州留园外墙花格

思考：古代和现代制作花格的方法。

任务内容

预制花格常用作建筑外墙装饰，形式多种多样，制作的方法多是绘制花格的轮廓线，然后挤出得到三维模型。本任务中花格的轮廓线是由正方形和圆形经过 Edit Spline 命令的编辑得到的，主要技术点是二维线型的附加和二维线型的布尔运算。任务完成后的最终效果如图 5.3 所示。

图 5.3　花格

任务实施流程

1. 制作花格立柱	2. 复制花格立柱	3. 制作花格顶底外框
4. 制作花格内框	5. 制作花格	6. 复制花格
7. 赋予白色材质		

5.1 花格制作具体流程

5.1.1 制作花格立柱

(1) 在顶视图中创建一个 Length 为 300.0、Width 为 300.0、Height 为 50.0 的 Box，如图 5.4 所示。

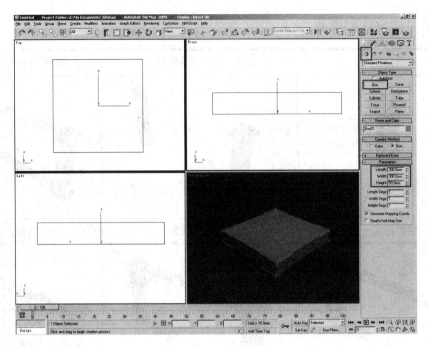

图 5.4　创建长方体

(2) 在顶视图中创建一个 Length 为 200.0、Width 为 200.0、Height 为 1060.0 的 Box，与前一个 Box 在顶视图中的中心对齐，在前视图中排列成上下的位置关系，如图 5.5 所示。

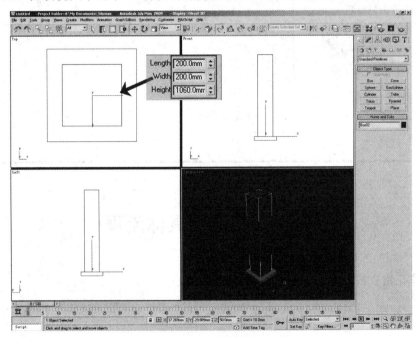

图 5.5　第二个长方体的参数和位置

(3) 在前视图中将第一个 Box 以 Instance 的方式复制到第二个 Box 的顶端，如图 5.6 所示。

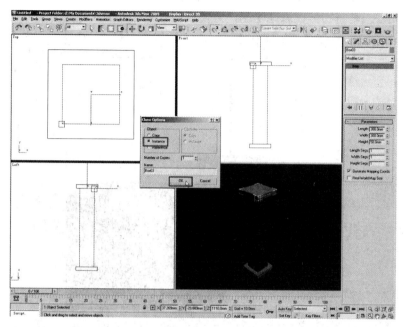

图 5.6　复制第一个长方体

(4) 在顶视图中创建一个 Length 为 220.0、Width 为 220.0、Height 为 50.0 的 Box，放到最上方，如图 5.7 所示。

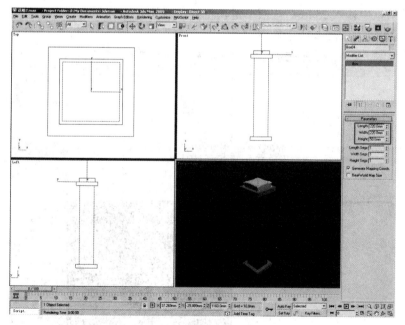

图 5.7　创建第四个长方体

以上 4 个 Box 组合成花格一侧的立柱。

(5) 将顶视图中的 Box 全部选中，按 Ctrl+C 键复制，然后按 Ctrl+V 键粘贴，在弹出的对话框中选中 Instance 单选按钮，如图 5.8 所示。

这种复制方式是将物体在原地复制，方便后面计算移动的尺寸。

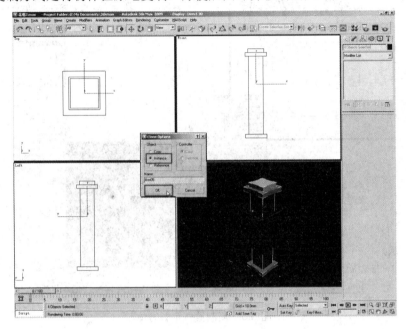

图 5.8　原地复制

(6) 在移动工具 ✥ 上右击，弹出 Move Transform Type-In 窗口，在 Offset：World 选项下 X 后的数值框中输入 2540 后按回车键，将复制后的立柱向右移动 2540 个单位，作为花格另一侧的立柱，如图 5.9 所示。

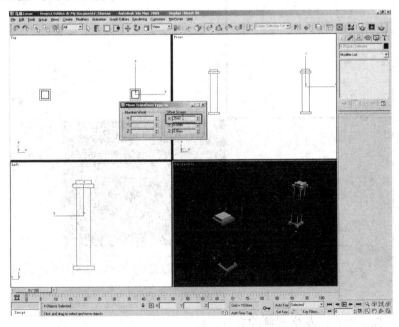

图 5.9　移动

5.1.2 制作花格顶底外框

(1) 在顶视图中创建一个 Length 为 220.0、Width 为 2240.0、Height 为 50.0 的 Box，作为花格顶部外框，位置如图 5.10 所示。

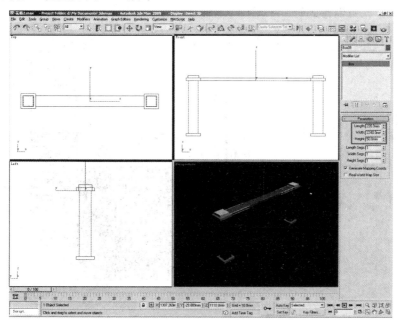

图 5.10 顶部外框的位置

(2) 在前视图中将顶部外框向下复制，作为底部外框，位置如图 5.11 所示。

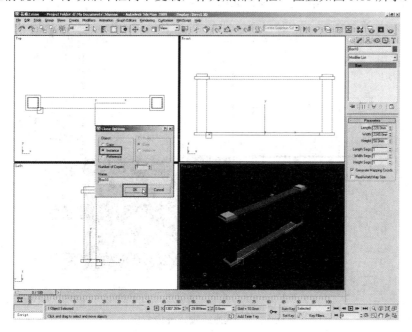

图 5.11 底部外框的位置

5.1.3 制作花格内框

(1) 在前视图中绘制一个 Length 为 1060.0、Width 为 2340.0 的 Rectangle，如图 5.12 所示。

绘制 Rectangle 时，可以打开捕捉，在立柱与外框围合成的空间内，拖动鼠标从左上角捕捉到右下角，就可以得到符合要求的 Rectangle。

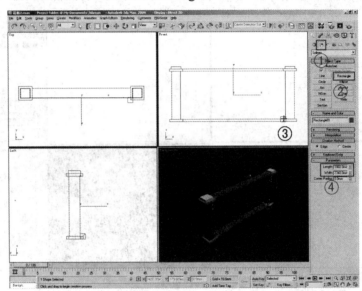

图 5.12 绘制矩形

(2) 选中 Rectangle，进入修改命令面板，单击 Modifier List 后面的下三角按钮，在弹出的下拉菜单中选择 Edit Spline 命令，如图 5.13 所示。

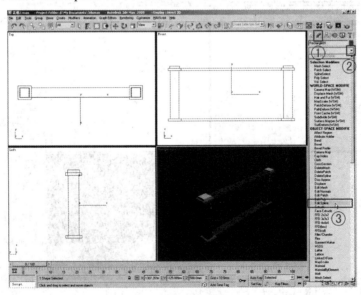

图 5.13 选择编辑样条线命令

(3) 在修改器堆栈中展开 Edit Spline 命令，进入 Spline 层级，在 Geometry 卷展栏下 Outline 后的数值框中输入 50.0，按回车键后矩形会变成双轮廓线，如图 5.14 所示。

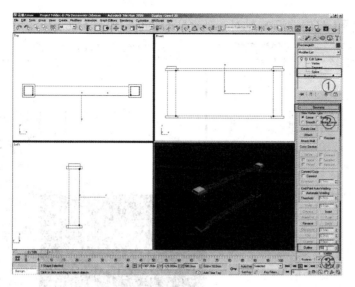

图 5.14　轮廓 50 个单位

提示

Edit Spline 的主要功能如下。

① 对二维线型的点、线段、样条 3 个层级进行移动、旋转、缩放等变换修改。

② 对二维线型进行点的添加与焊接。

③ 对二维线型样条进行二维布尔运算。

④ 对二维线型样条进行外轮廓处理。

⑤ 对二维线型点、线段、样条 3 个层级进行分离、合并与删除。

(4) 在 Modifier List 列表中选择 Extrude 选项，设置 Amount 的数值为 50.0，花格内框的造型完成，如图 5.15 所示。

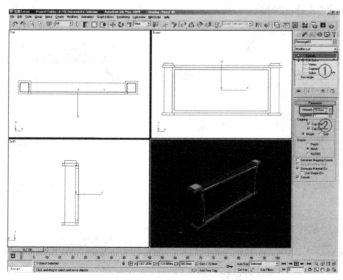

图 5.15　挤出 50 个单位

(5) 在顶视图中将内框沿 Y 轴对齐到立柱的中心，如图 5.16 所示。

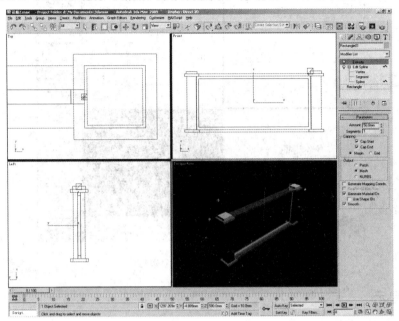

图 5.16　对齐

5.1.4　制作花格

(1) 在前视图中绘制一个 Length 为 200.0、Width 为 200.0 的 Rectangle(矩形)，4 个 Radius 为 60.0 的 Circle，4 个 Circle 分别与 Rectangle 的 4 条边中心对齐，如图 5.17 所示。

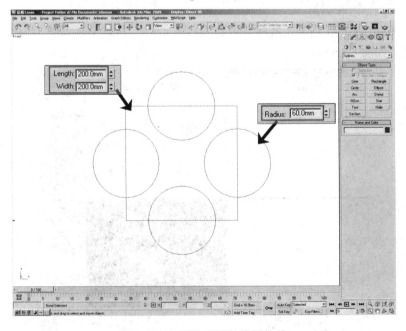

图 5.17　矩形和圆形的位置关系

(2) 选中矩形，进入修改命令面板，展开 Modifier List 列表，选择 Edit Spline(编辑样条)命令，如图 5.18 所示。

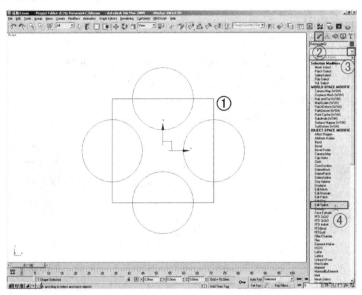

图 5.18　选中矩形，施加编辑样条线命令

(3) 单击 Geometry 卷展栏下的 Attach 命令，然后将鼠标移动到视图中的圆形边框上并单击，这个圆形就会被附加到矩形上，也就是由两条独立的线型变成了一条。鼠标分别放到另外 3 个圆形上，连续附加就可以将其余的 3 条圆形也附加进来，如图 5.19 所示。

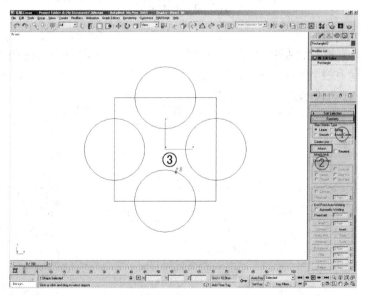

图 5.19　附加线型

 提示

Attach(附加)是轮廓线编辑的基础，不论最初有多少条线型，只要这些线型是最终生成的三维模型的组成部分，那就一定要在选择了 Edit Spline(编辑样条)命令后马上运行 Attach(附加)的操作，将所有的原始线型附加成一条线，才能进行下一步操作。

(4) 在修改器堆栈中展开 Edit Spline 列表，选择 Spline 层级，然后用主工具栏中的移动工具 ✛ 选中矩形，如图 5.20 所示。

注意：此时选择的矩形是在 Edit Spline 的 Spline 层级下进行的，这和绘制线型时完全不同，绘制时它是一条独立的线，现在它是整个线型的一部分。

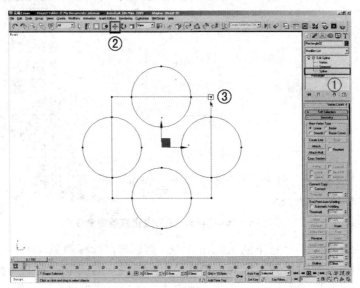

图 5.20　选中矩形

(5) 在 Geometry 卷展栏下找到 Boolean 选项，确定选中了 Union 的运算方式，将 Boolean 激活后，鼠标移动到视图中圆形上单击。这时圆形和矩形相交部分的线段就被删掉了。连续运行布尔运算，直至所有线型运算完成，如图 5.21 所示。最终得到花格的轮廓线，如图 5.22 所示。

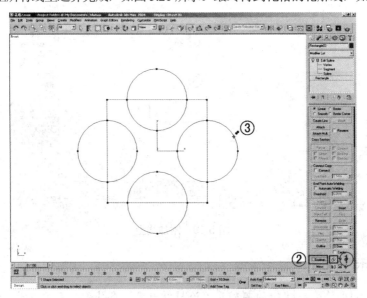

图 5.21　运行二维布尔运算

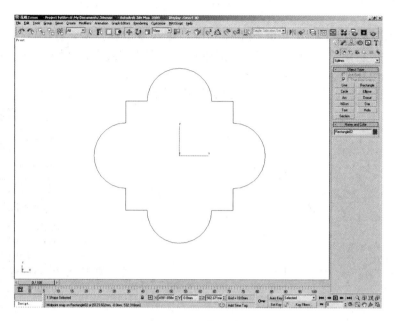

图 5.22　运算的结果

 提示

堆栈记录对二维或三维对象所做的各种修改，包括创建参数，但不包含变换(移动、旋转、缩放)操作。堆栈对场景对象的记录功能包括以下 3 个方面。

① 记录对象从创建至被修改完毕这一全过程所经历的各项修改。包括创建参数、修改命令及空间变形。

② 在记录的过程中，保持各项修改过程的顺序，即创建参数在最底层，其上是各修改工具，最顶层是空间变形。

③ 堆栈不但记录操作的过程，而且可以随时返回其中的某一步骤进行重新设置。

修改器堆栈如图 5.23 所示，其各项工具的功能如下。

图 5.23　修改器堆栈

① Pin Stack ：激活此项时，会把当前物体的堆栈内容固定在堆栈表内不做改变。

② Show End Result：激活此项，会显示场景物体的最终修改结果。

③ Make Unique：激活此项，当前物体会断开与其他物体的关联。主要在某一关联复制的子物体要与父物体或其他子物体断开关联时应用。

④ Remove Modifiers：从堆栈列表中删除选中的修改命令。

⑤ Configure Modifier Sets：设置修改器按钮。

(6) 在修改器堆栈中展开 Edit Spline 命令，进入 Spline 层级，在 Geometry 卷展栏下 Outline 后的数值框中输入 10，按回车键后轮廓线会变成双线框，如图 5.24 所示。

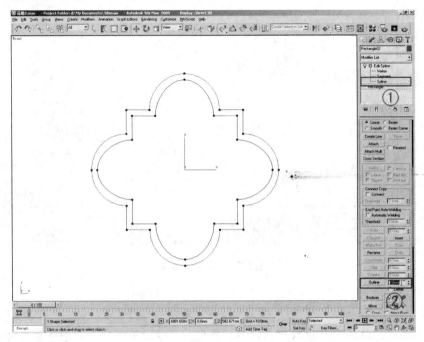

图 5.24　线型向内轮廓 10 个单位

(7) 展开 Modifier List 列表，选择 Extrude(挤出)命令，如图 5.25 所示。设置 Amount 的数值为 20.0，如图 5.26 所示。花格的造型完成。

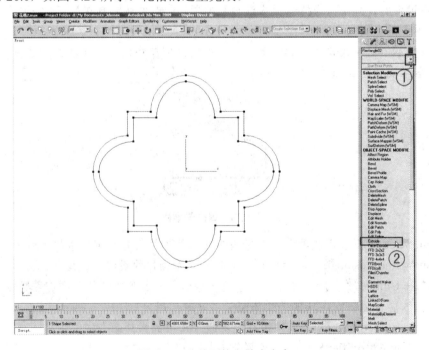

图 5.25　为线型施加挤出命令

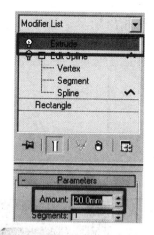

图 5.26 挤出的参数设置

提示

Extrude 命令是可以将二维线型转化为三维物体的命令，在 3ds Max 中制作墙体最快捷的方法之一就是绘制墙体轮廓线然后挤出。挤出的选项设置如图 5.27 所示。

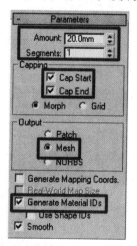

图 5.27 挤出的选项设置

Extrude 命令各选项的含义如下。

① Amount：设置挤出的厚度。

② Segments：挤出高度方向上的段数。如果还要布尔运算，则要多一些段数。

③ Capping：封顶。设置挤出对象的顶底两面是否封闭。

④ Mesh：以面片形式输出。

⑤ Generate Material IDs：自动对挤出的对象进行 ID 号的分配。底面为 1，顶面为 2，侧面为 3。

(8) 第一个花格放置的位置如图 5.28 所示。

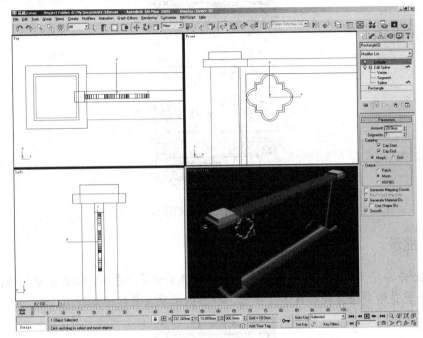

图 5.28　第一个花格的位置

(9) 在前视图中复制花格，如图 5.29 所示。

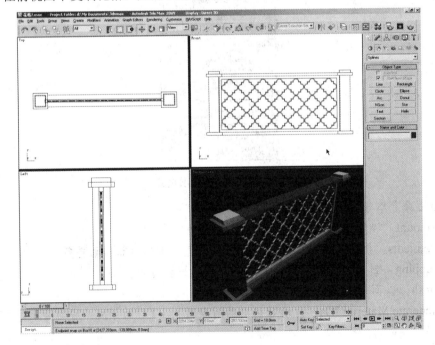

图 5.29　复制花格

5.1.5 编辑白色材质(参数参考)赋予场景中的全部模型

选中全部模型，打开材质编辑器 ∷，选择一个材质球，单击 Blinn Basic Parameters 卷展栏下的 Diffuse 后面的色块，在弹出的 Color Selector：Diffuse Color 窗口中调整 Value 的数值为 250。

最后单击 Assign Material to Selection ∷ 按钮，将编辑好的材质赋予模型，如图 5.30 所示。

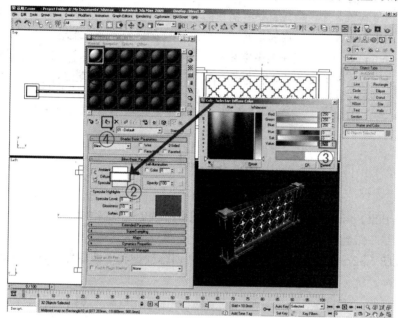

图 5.30　编辑材质

5.2　制 作 完 成

花格的最终效果如图 5.31 所示。

图 5.31　花格的最终效果

本 章 小 结

　　中式风格的装饰元素清雅端庄、均衡稳健、简朴优美，在现代装饰或环境艺术设计中经常被用来作为点缀，可以体现出一种高雅的格调和传统文化特色的传承。中式装饰元素在造型上以直线和圆弧为主，因而非常适合使用二维建模的方法来表现。二维建模的本质是通过 Edit Spline 命令，将简单的多条线型经过附加、修剪、二维布尔运算等操作进行组合，形成复杂的物体轮廓线。在二维建模中，将多条线型进行附加是进行其他操作的前提，是不可越过的一步操作。

课 后 习 题

1. 使用 Edit Spline 列表时应该注意的问题有哪些？
2. 请总结二维建模的优点。
3. 完成图 5.32～图 3.34 模型的制作。拓展训练模型轮廓线的绘制流程见表 5-1。

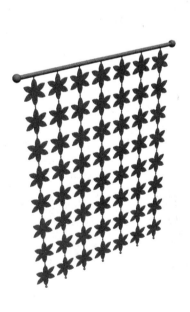

图 5.32　拓展训练模型——整体效果　　　图 5.33　拓展训练模型——组合单体

图 5.34　拓展训练模型——轮廓线

表 5-1　拓展训练模型轮廓线的绘制流程

(1) 绘制 Length 为 100.0、Width 为 100.0 的参考矩形	(2) 沿着参考矩形的一边绘制起点和终点垂直距离为 100 个单位的圆弧线，弧度自己控制即可	(3) 删除参考矩形，复制圆弧线，并将两条圆弧线端点对齐
(4) 用 Edit Spline 命令中的相关功能将两条圆弧线附加为一条，并焊接顶底端点	(5) 将圆弧线的坐标原点移动到圆弧线的一个端点上，然后每隔 60° 旋转复制线型	(6) 附加成一条线之后运行并进行二维布尔运算

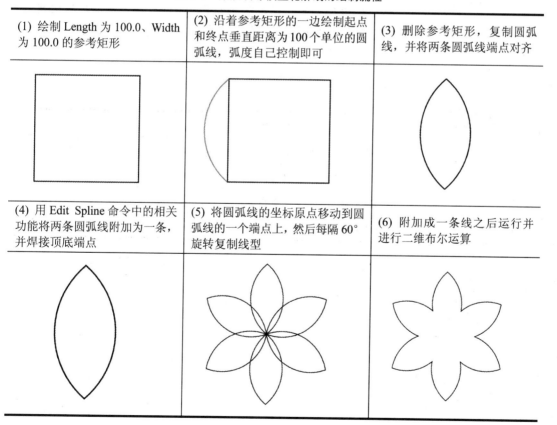

第 6 章

窗框的制作

项目概述

为了能更好的掌握 Edit Spline 命令，特别设置了这个主要使用二维建模方法完成的窗框项目，窗框是效果图制作中必不可少的工作任务，其形式虽然多种多样，但制作方法是基本相同的，只要掌握了本项目中窗框的制作方法，就可以完成各种效果图中窗框的制作。

任务目标

任务目标	学习心得	权重
熟练掌握 Edit Spline 命令的功能		25%
掌握二维建模的正确顺序		30%
熟练掌握二维线型的布尔运算		20%
熟悉 Edit Mesh 命令的基本功能		25%

引例

"小时候住过的房子，温暖、美丽、幸福。特别是那碧绿的窗框、晶莹透明的玻璃、粉色的窗帘，形成了我家独特的窗口。

窗台是雪白色的，窗台上放着五颜六色的花，有水仙，……。经过我的精心培养，水仙又一次开出了洁白的花。水仙花亭亭玉立，香味使人陶醉，仿佛进入了仙境一般。

当我坐在窗前小桌上温习功课或看课外书时，一阵阵清爽的微风拂面吹来，像段魔咒，把我带入书中奇幻、美丽的世界。"

初中作文中有很多类似的画面，窗在我们生活中无处不在，当我们看见窗，打开窗的时候你是否想过窗框是怎么样制作出来的呢？建筑物中的窗子如图6.1、图6.2所示。

图6.1　美国白宫的窗子

图6.2　现代建筑的窗子

任务内容

窗框是建筑墙体上的重要组成部分，形状多种多样。本任务中的窗框上半部分是半圆形的，下半部分是方形的，制作时须先编辑轮廓线，挤出得到外框，然后用 Edit Mesh 命令复制窗框的横档与竖档，方能将窗框制作成一个整体。任务完成后的最终效果如图6.3所示。

图6.3　窗框

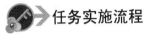 **任务实施流程**

1. 制作外框	2. 制作方形内框	3. 制作半圆形内框
4. 制作玻璃	5. 编辑白色材质赋予窗框	6. 编辑玻璃材质赋予玻璃

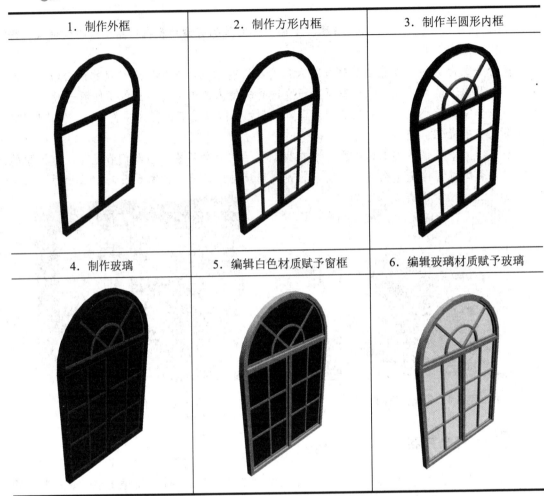

6.1　窗框制作具体流程

6.1.1　制作外框

（1）在前视图中绘制一个 Length 为 1500.0、Width 为 1500.0 的 Rectangle，一个 Radius 为 750.0 的 Circle，两者的位置关系如图 6.4 所示。

（2）选中矩形，进入修改命令面板，为其施加 Edit Spline 修改命令，用 Geometry 卷展栏下的 Attach 命令将圆形和矩形附加为一条线，如图 6.5 所示。

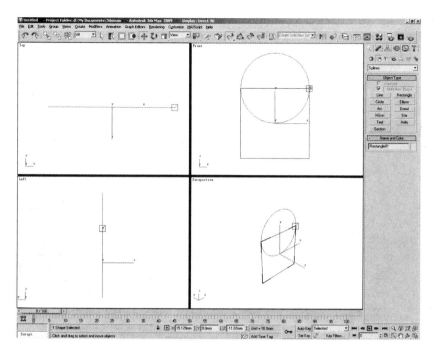

图 6.4　矩形和圆形的位置关系

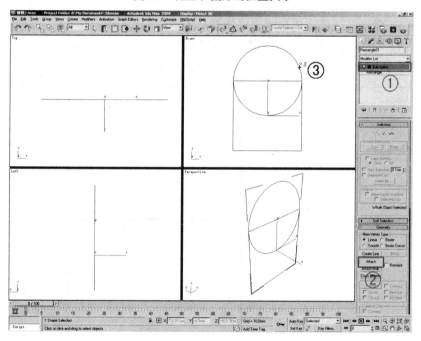

图 6.5　矩形与圆形附加

（3）在修改器堆栈中展开 Edit Spline 列表，选择 Spline 层级，然后用主工具栏中的移动工具 ✛ 选中矩形，在 Geometry 卷展栏下找到 Boolean 选项，确定选中了 Union 的运算方式，将 Boolean 激活后，鼠标移动到视图中圆形上单击，如图 6.6 所示。布尔运算之后两条线型会合并。

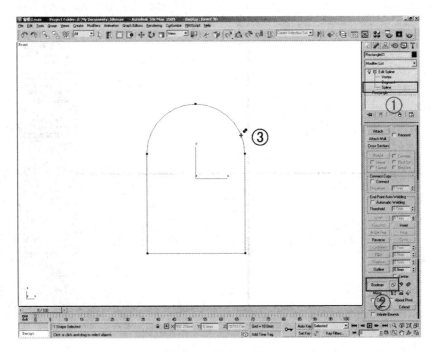

图 6.6　布尔运算

(4) 依然在 Spline 层级，在视图中将线型选中，在 Geometry 卷展栏下 Outline 选项后的数值框中输入 50.0，按回车键后线型会变成双轮廓线，如图 6.7 所示。

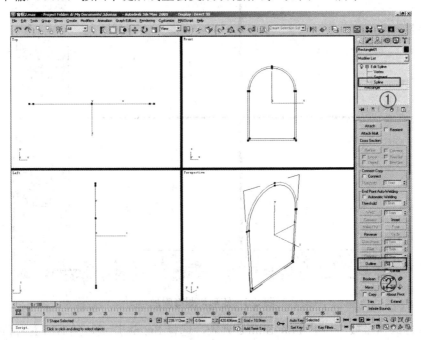

图 6.7　轮廓线型

(5) 在 Modifier List 列表中选择 Extrude 命令，设置 Amount 的数值为 80.0，如图 6.8 所示。该模型为外框的初始形态。

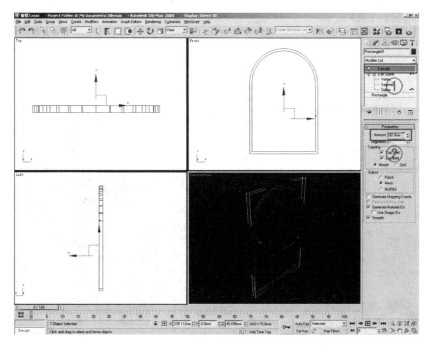

图 6.8　挤出

（6）为外框施加 Edit Mesh 修改命令，选择 Face 选项，用移动工具在视图中框选中外框的下边缘，然后将选中的面按住 Shift 键沿 Y 轴向上移动复制，复制后的下边缘对齐到半圆部分的最下端作为外框的横档，如图 6.9、图 6.10 所示。

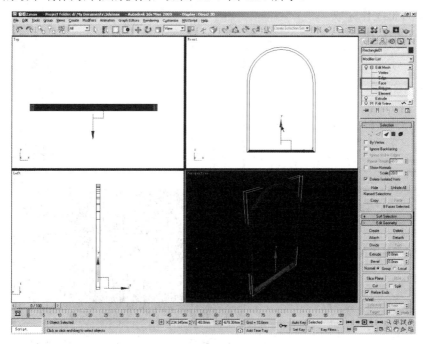

图 6.9　选中的部分

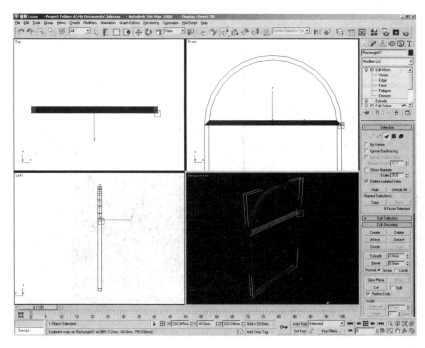

图 6.10　横档的位置

（7）选择 Face 选项，用移动工具在视图中框选中外框的左边缘，然后将选中的面按住
Shift 键沿 X 轴向右移动复制，复制后的左边缘大致对齐到横档的中心作为外框的竖档，如
图 6.11、图 6.12 所示。等内框做出来后可以再把外框竖档的位置进行调整。

至此，外框制作完成。

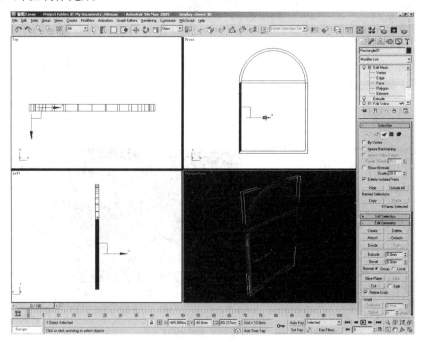

图 6.11　选中的左边缘

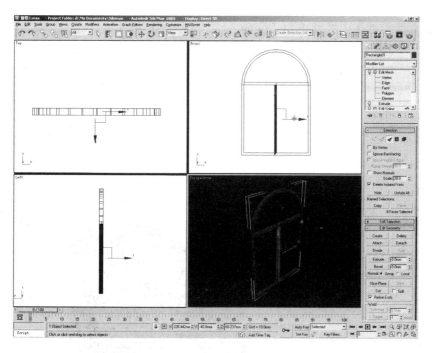

图 6.12　竖档的位置

6.1.2　制作方形内框

（1）在前视图中绘制一个 Length 为 1450.0、Width 为 675.0 的 Rectangle，并为其施加 Edit Spline 命令，如图 6.13 所示。

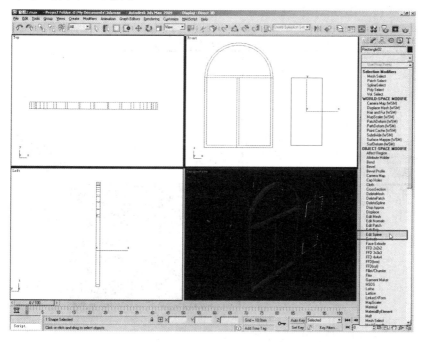

图 6.13　绘制矩形

(2) 在修改器堆栈中展开 Edit Spline 列表，进入 Spline 层级，在 Geometry 卷展栏下 Outline 选项后的数值框中输入 30.0，按回车键后矩形会变成双轮廓线，如图 6.14 所示。

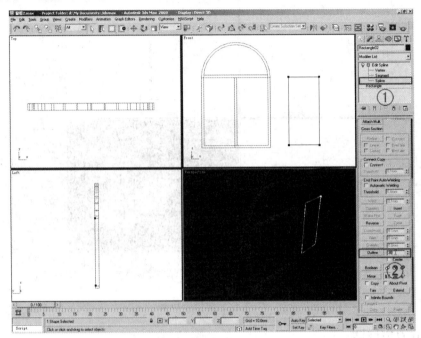

图 6.14　轮廓

(3) 在 Modifier List 列表中选择 Extrude 命令，设置 Amount 的数值为 30.0，挤出的模型作为方形内框，如图 6.15 所示。

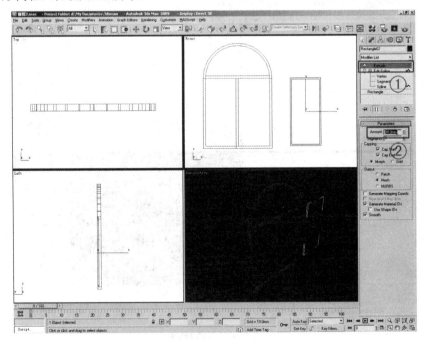

图 6.15　挤出

(4) 为方形内框施加 Edit Mesh 修改命令，选择 Face 选项，用制作外框的步骤里的方法，移动复制方形内框的边缘作为方形内框的横档和竖档，如图 6.16 所示。

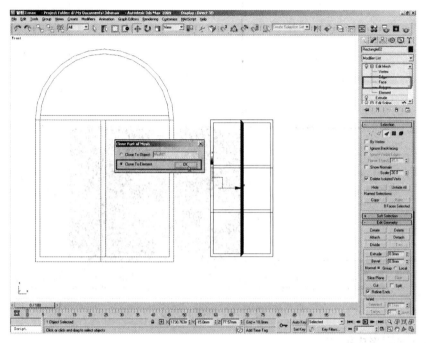

图 6.16　复制横档和竖档

提示

用这种方法制作窗框时，在模型的修改器堆栈中，修改命令的顺序不可改变，最下方是创建命令，往上依次是 Edit Spline 命令、Extrude 命令和 Edit Mesh 命令，命令的顺序代表着模型的创建过程。一般来讲，同一个命令在修改器堆栈中不会出现两次，如图 6.17 所示。

图 6.17　修改器堆栈中的命令顺序

(5) 将制作好的方形内框在前视图中对齐到外框里，在顶视图中与外框在 Y 轴上中心对齐，并复制一个放到外框竖档的另一侧，如图 6.18 所示。

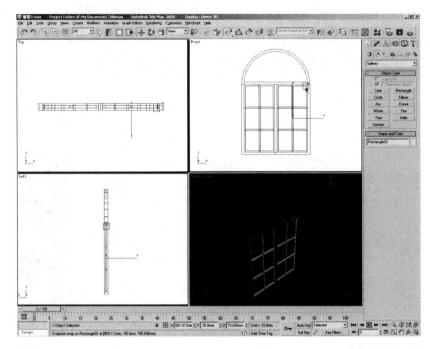

图 6.18 内框的位置

6.1.3 制作半圆形内框

(1) 在前视图中绘制一个 Radius 为 700.0 的 Circle，对齐到外框的内边缘，如图 6.19 所示。

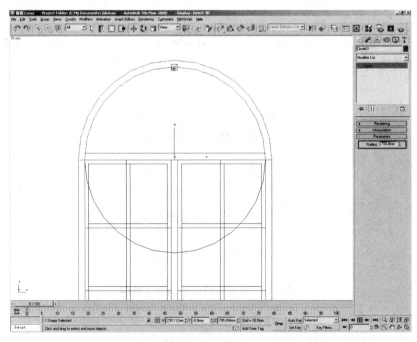

图 6.19 圆形的位置

（2）在前视图中绘制一个 Length 为 1600.0、Width 为 1600.0 的 Rectangle，矩形上边缘的位置对齐到外框横档的上边缘，且与横档中心点对齐，如图 6.20 所示。

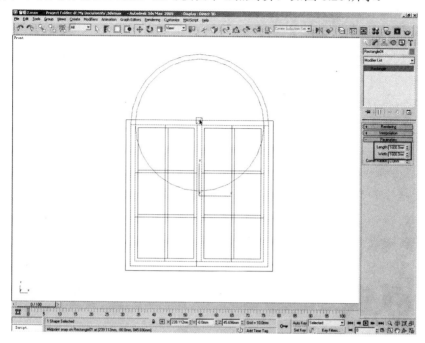

图 6.20　矩形的位置

（3）为了能更清楚地描述建模过程，把绘制的圆形和矩形一起选中，沿 X 轴水平移动到场景中的空白处，如图 6.21 所示。

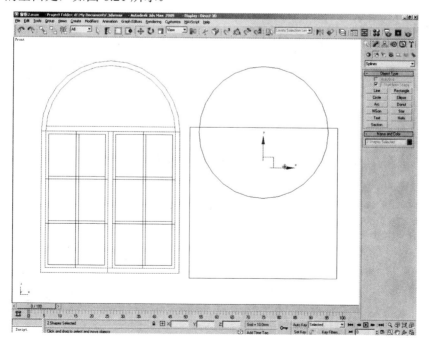

图 6.21　移动线型

(4) 选中任意一条线，为其施加 Edit Spline 命令，用 Geometry 卷展栏下的 Attach 命令将两条线附加为一条，如图 6.22 所示。

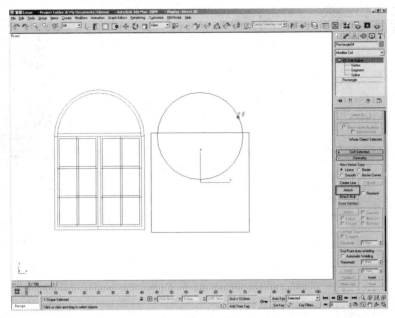

图 6.22　附加

(5) 在修改器堆栈中展开 Edit Spline 列表，选择 Spline 层级，然后用主工具栏中的移动工具 ✛ 选中圆形，在 Geometry 卷展栏下找到 Boolean 选项，确定选中了 Subtraction 的运算方式，将 Boolean 激活后，鼠标移动到视图中矩形上单击，如图 6.23 所示。布尔运算的结果如图 6.24 所示。

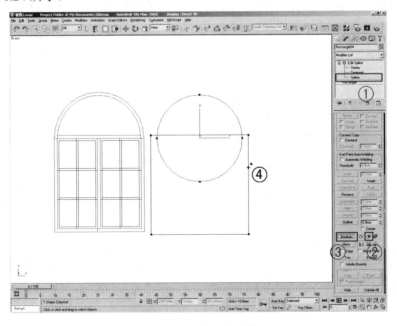

图 6.23　差集布尔运算

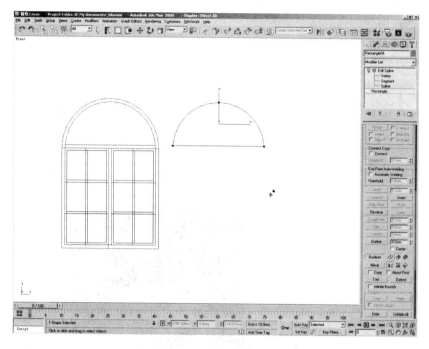

图 6.24　运算的结果

（6）将运算得到的线型轮廓 30.0，挤出 30.0，作为半圆形内框，对齐到外框里，如图 6.25 所示。

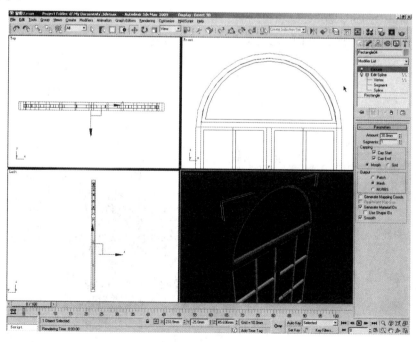

图 6.25　半圆形内框的位置

(7) 在前视图中绘制一个 Radius 为 300.0 的 Circle，为其施加 Edit Spline 命令，选择 Segment 选项，用移动工具选中圆形的下方两段，按 Delete 键将其删除，就会得到一个半圆形，如图 6.26 所示。

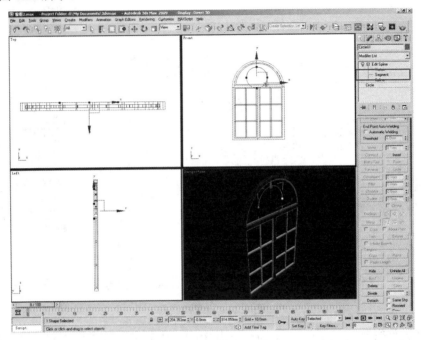

图 6.26 选中圆形的下方两段

(8) 将编辑得到的半圆形轮廓 30.0，挤出 30.0，作为第二层半圆形内框，位置如图 6.27 所示。

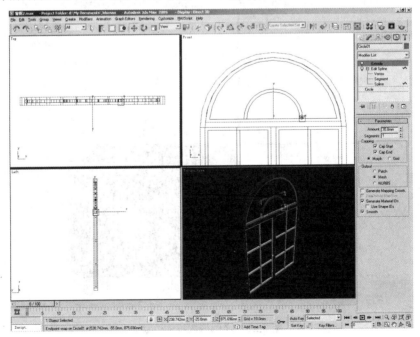

图 6.27 第二层内框的位置

(9) 在顶视图中创建一个 Length 为 30.0、Width 为 30.0、Height 为 630.0 的 Box，并将其在前视图中旋转 45°。旋转的具体操作是在旋转工具上右击，在弹出的窗口上，Offset：Screen 选项下的 Z 后面输入 45，按回车键后就能看到旋转的结果，如图 6.28 所示。放置的位置如图 6.29 所示。

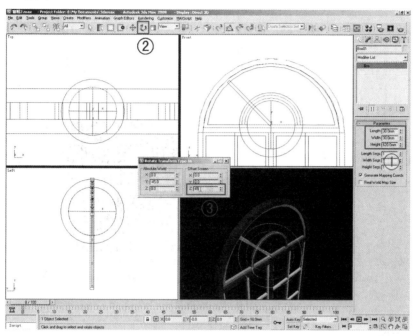

图 6.28　旋转长方体

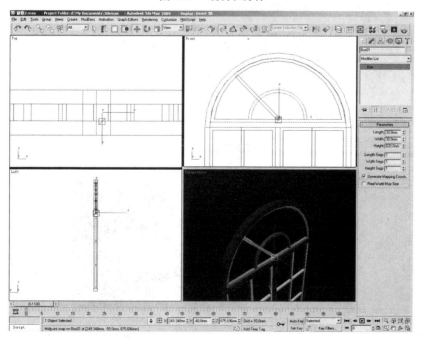

图 6.29　长方体的位置

(10) 选中 Box，单击主工具栏上的镜像工具 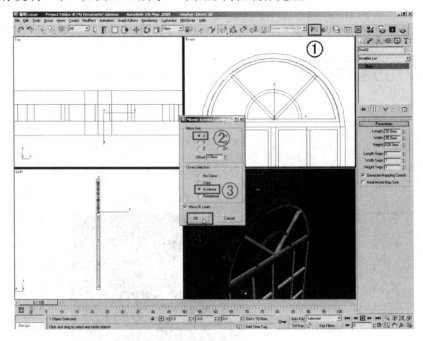，将 Box 在前视图中沿 X 轴以 Instance 的方式镜像复制一个，如图 6.30 所示。半圆形内框制作完成。

图 6.30　镜像复制

6.1.4　制作玻璃

(1) 将外框以 Copy 的方式复制，如图 6.31 所示。

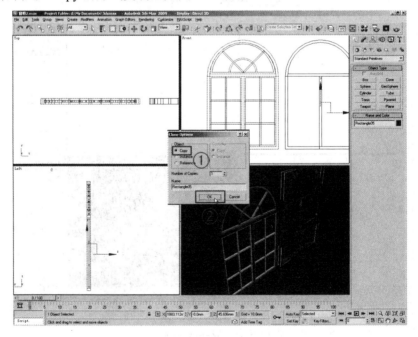

图 6.31　复制外框

(2) 进入修改面板，在修改器堆栈中将 Edit Mesh 命令选中，单击修改器堆栈下方的 Remove modifier from the stack 8 按钮，将命令删除，如图 6.32 所示。删除命令可以去除用该命令复制出来的横档和竖档。

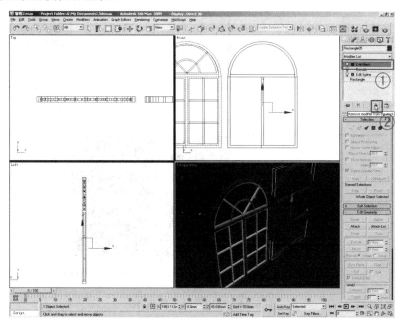

图 6.32　删除命令

(3) 在修改器堆栈中将 Edit Spline 列表展开，选择 Spline 选项，在视图中将外侧的轮廓线按 Delete 键删除，如图 6.33 所示。

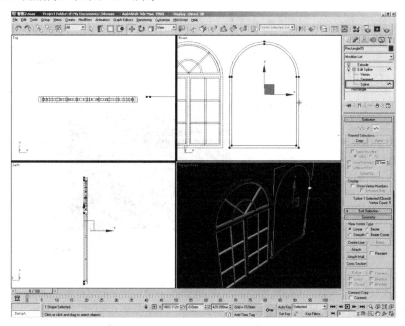

图 6.33　删除外侧轮廓线

(4) 在修改器堆栈中选择 Extrude 命令，将数值改成 10.0，如图 6.34 所示。该模型作为玻璃。

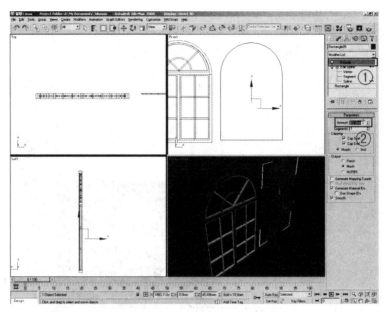

图 6.34　挤出厚度设置为 10

(5) 将玻璃放到外框的中心，如图 6.35 所示。

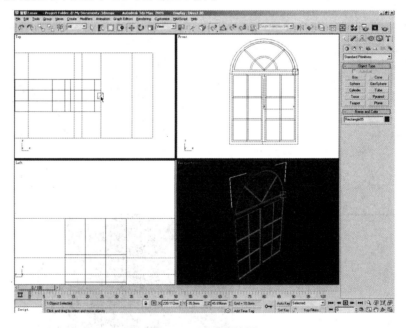

图 6.35　玻璃的位置

6.1.5　编辑白色材质赋予所有的窗框

打开材质编辑器 ，选择一个材质球，单击 Blinn Basic Parameters 卷展栏下的 Diffuse

后面的色块，在弹出的 Color Selector：Diffuse Color 对话框中调整 Value 的数值为 250，如图 6.36 所示。

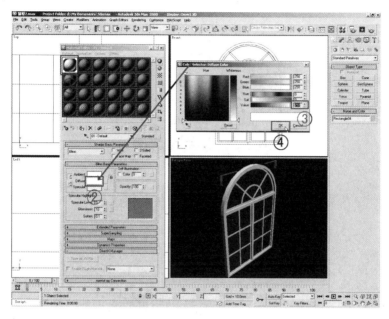

图 6.36　编辑白色材质

6.1.6　编辑玻璃材质赋予玻璃

(1) 选择一个材质球，单击 Blinn Basic Parameters 卷展栏下的 Diffuse 后面的色块，在弹出的 Color Selector：Diffuse Color 对话框中选择一种浅灰绿色(室内的玻璃材质通常将固有色设置为绿色)，参考数值为 R：200、G：210、B：200，如图 6.37 所示。

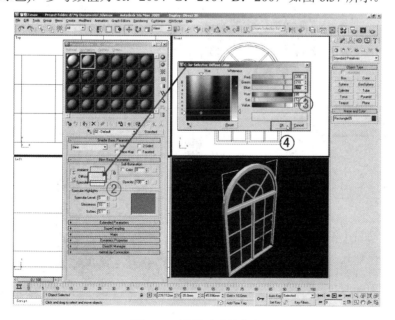

图 6.37　编辑玻璃固有色

(2) 在 Blinn Basic Parameters 卷展栏下调整 Opacity 的数值为 40、Specular Level 的数值为 80、Glossiness 的数值为 60。然后在材质球右侧的工具中单击 Background 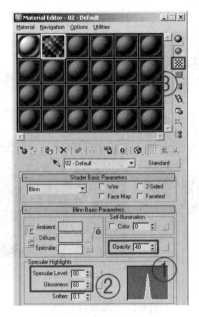 按钮，如图 6.38 所示。

图 6.38　调整参数

(3) 展开 Maps 卷展栏，单击 Reflection(反射)贴图通道后的按钮 None ，在弹出的 Material/Map Browser 对话框中选择 Raytrace 选项，如图 6.39 所示。

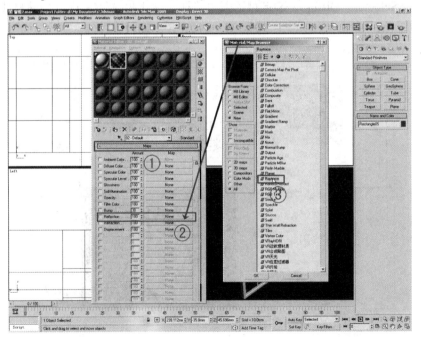

图 6.39　添加反射

(4) Raytracer Parameters 面板的设置如图 6.40 所示。设置好之后单击 Go to Parent按
钮返回上一层级。

(5) 将 Reflection 贴图通道后面的 Amount 设置为 10，如图 6.41 所示。

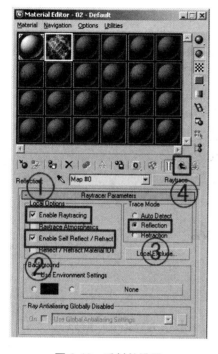

图 6.40　反射的设置

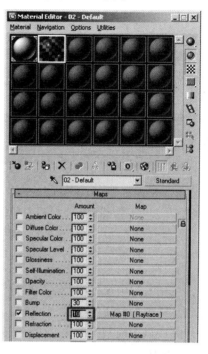

图 6.41　反射的强度

6.2　制作完成

窗框的效果如图 6.42 所示。

图 6.42　窗框的最终效果

本 章 小 结

　　窗框是建筑上的重要构件，是墙体与窗玻璃的过渡层，还可以起到固定墙体的作用，因其形式多种多样，常用可塑性强的材质如木材、塑料和铝合金等。无论室内效果图还是建筑效果图都会涉及窗框的制作，总体来讲还是二维建模的范畴，用 Edit Spline 命令编辑轮廓线，制作其主体部分。本章新增加的知识点是 Edit Mesh 命令的应用，用它来复制窗框的横档和竖档，这种方法还可以应用到其他网格状模型的制作上，如格栅吊顶、玻璃幕墙的接缝线，都是先用二维建模的方法制作一个框，然后复制该框的边缘得到网格造型，因而适用范围较广，使用频率很高，希望大家熟练掌握。

课 后 习 题

　　1. 总结教程中窗外框的建模顺序。

　　2. 总结玻璃材质的参数。

　　3. 完成以下模型的制作。(以下几个模型的墙体厚度均为 240、窗框厚度均为 50、玻璃厚度均为 10。)

　　(1) 墙体及窗框。墙体及窗框整体效果如图 6.43 所示，墙体尺寸如图 6.44 所示，窗框尺寸如图 6.45 所示。

图 6.43　拓展训练模型——墙体及窗框整体效果

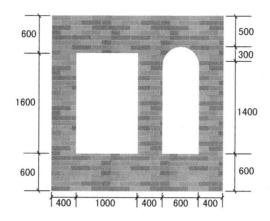

图 6.44　拓展训练模型——墙体尺寸

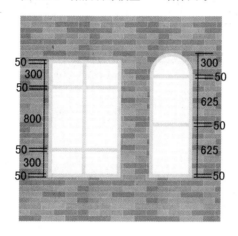

图 6.45　拓展训练模型——窗框尺寸

（2）电视背景墙。电视背景墙整体效果如图 6.46 所示，装饰造型尺寸如图 6.47 所示，装饰造型轮廓线如图 6.48 所示。

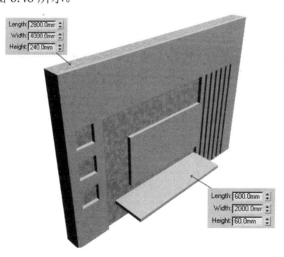

图 6.46　拓展训练模型——电视背景墙整体效果

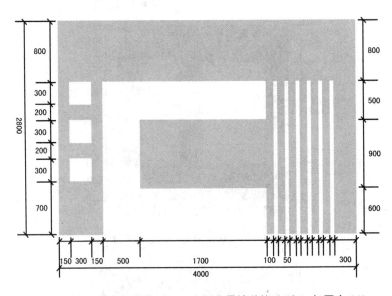

图 6.47 拓展训练模型——电视背景墙装饰造型尺寸(厚度 60)

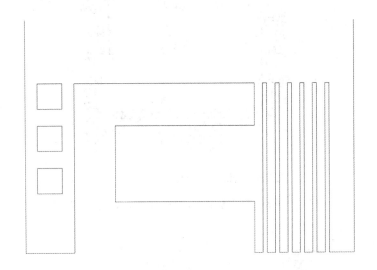

图 6.48 拓展训练模型——电视背景墙装饰造型轮廓线

第 7 章

窗帘的制作

项目概述

    窗帘是家居生活中必不可少的布艺装饰，因此在室内效果图的制作中窗帘也是很常见的，制作方法多为放样。放样是制作线型模型的复合建模方法，在欧式风格的效果图中，大量的装饰线条、画框等都是用放样来制作的，放样的参数不多，实际操作中却很难控制，需要用心学习才能掌握。

任务目标

任务目标	学习心得	权重
能够熟练绘制和修改复杂的二维线型		65%
掌握 Loft(放样)的参数设置及其适用对象		35%

引例

2013 年春节联欢晚会小品《今年的幸福》给我们带来了许多欢乐，大家都被小品的台词和演员的表演吸引，可能没有人会注意该小品的一个小道具——窗帘，演员郝建从窗帘后面"出来"把小品推上高潮。窗帘在我们生活中感觉稀松平常，没什么特别，但它给我们的帮助也是不可替代的，假设没有它，我们的生活会变得很不方便，《今年的幸福》的小品也不可能那么成功。让我们从欢乐的思维中出来，来看看各种特色的窗帘，如图 7.1、图 7.2 所示。

图 7.1　上下式窗帘

图 7.2　左右式窗帘

思考：窗帘的制作。

 **任务内容**

放样是 3ds Max 重要的复合建模方法，用来创建踢脚线、阴角线、各类画框、窗帘等物体，特别是欧式风格的效果图中会大量运用放样。本任务是用放样创建的一组窗帘，并进行了缩放变形，任务完成后的最终效果如图 7.3 所示。

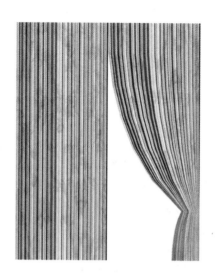

图 7.3　窗帘

 任务实施流程

1. 绘制放样路径	2. 绘制放样截面	3. 运行放样
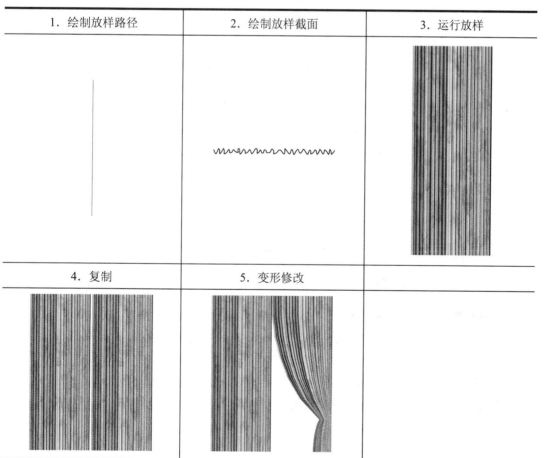		
4. 复制	5. 变形修改	

7.1 窗帘制作具体流程

7.1.1 绘制窗帘的放样路径

在前视图中绘制一条长度为 2000.0 的垂直线。

用工具 Line 画出来的直线不好确定长度，所以画这条线的时候可以先绘制一个 Length 为 2000.0、Width 为 200.0 的 Rectangle，然后选择 Edit Spline 命令，在 Segment 选项中删除多余的三条边，就可以得到一条长度确定的直线，如图 7.4 所示。

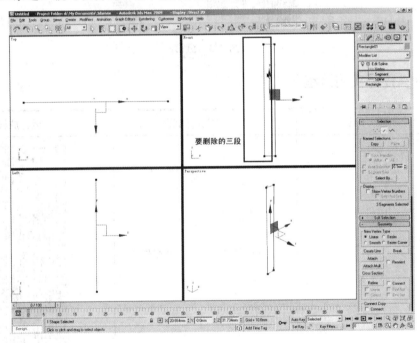

图 7.4 绘制放样路径

7.1.2 绘制窗帘的放样截面

在顶视图中用工具 Line 绘制一条长度为 800.0 的水平曲线。

(1) 先在顶视图中绘制一个 Length 为 30.0、Width 为 800.0 的 Rectangle 作为尺寸参考矩形，如图 7.5 所示。

(2) 在矩形范围之内用工具 Line 绘制一条曲线，作为窗帘的放样截面，如图 7.6 所示。这条曲线画完之后就可以把参考矩形删除。

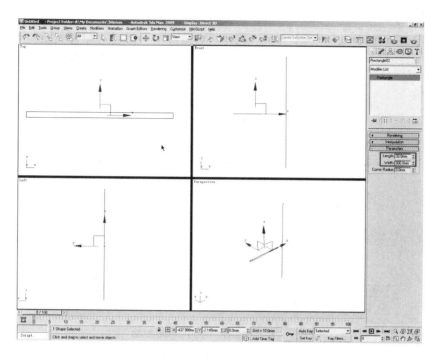

图 7.5　绘制参考矩形

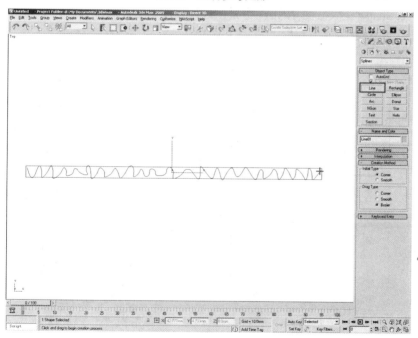

图 7.6　绘制放样截面

7.1.3　运行放样

(1) 在视图中选中放样路径，然后单击几何体 ● 下面的三角按钮，在弹出的下拉菜单中选择 Compound Objects(复合物体)，如图 7.7 所示。

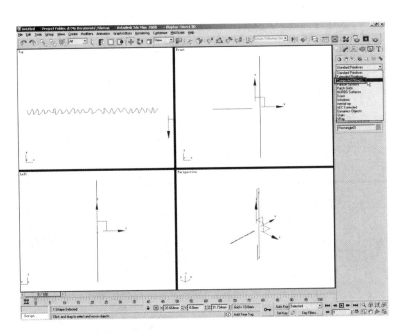

图 7.7　选择 Compound Objects

(2) 在 Object Type(物体类型)列表中单击 Loft(放样)按钮，然后单击 Creation Method 卷展栏下的 Get Shape(获取截面)按钮，将鼠标移向视图中拾取放样截面，如图 7.8 所示。

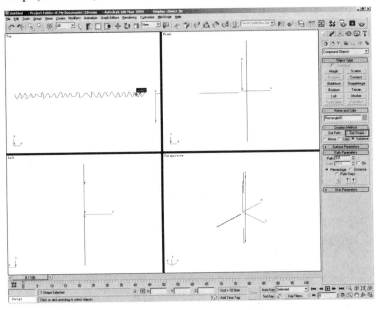

图 7.8　拾取放样截面

(3) 拾取截面后在视图中生成如图 7.9 所示的物体，称为放样物体，但该物体此时在视图中的显示并不正确，这是因为放样截面是开放的线，用开放的线作为截面生成的物体是单面的，只有一个面能看见，现在恰好是不能看见的面朝外，所以还需进一步修改。

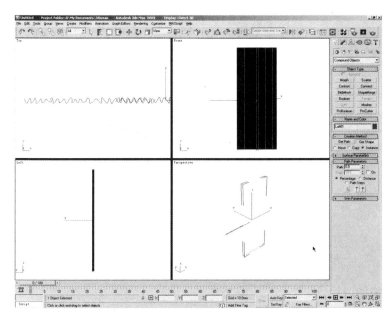

图 7.9　放样物体的初始形状

(4) 在修改命令面板中将 Skin Parameters 卷展栏展开，选中 Flip Normals 复选框，视图中就能看到放样物体了，如图 7.10 所示。

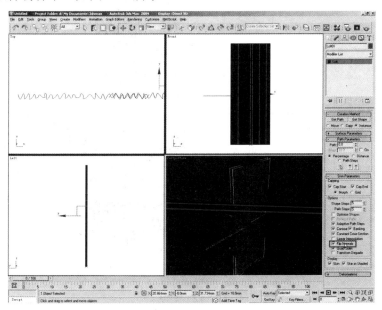

图 7.10　选择翻转法线

 提示

　　放样是指放样截面(一条二维线型，可以是开放的，也可以是闭合的)沿着放样路径(另一条二维线型，可以是开放的，也可以是闭合的)运动生成三维物体的建模方法。同一个放样物体的路径只能有一条，但在路径的不同位置可以有多个截面。放样物体的修改方便灵活，可以设置其表面参数、路径参数和外表参数，尤其是通过"放样变形"可以将放样物体编辑得更加复杂和逼真。放样原理如图 7.11 所示。

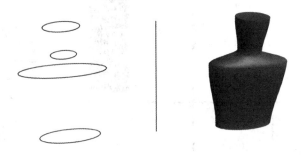

多个截面　＋　一条路径　＝　复杂的放样物体

图 7.11　放样原理

7.1.4　对放样物体进行变形

(1) 在前视图中将窗帘以 Copy 的方式复制一个，如图 7.12 所示。

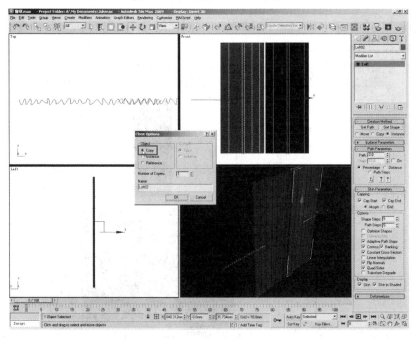

图 7.12　复制

(2) 在修改面板中展开 Deformations 卷展栏，激活 Scale 选项，在弹出的面板中激活 Insert Corner Point 工具，在面板中的红线上大约四分之三的位置单击鼠标，可增加一个控制点后的面板如图 7.13 所示。

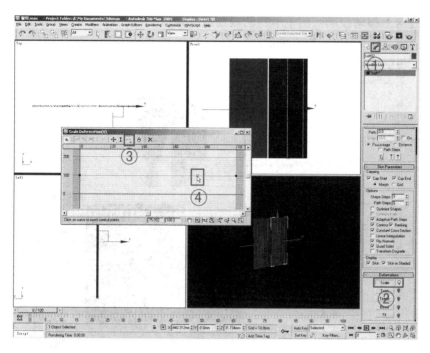

图 7.13　增加控制点

（3）用面板上的移动工具将红线上右侧两个点向下移动，视图中的模型会产生收缩变形。然后在新加入的控制点上右击，在弹出的菜单中选择 Bezier-Corner 命令，如图 7.14 所示。

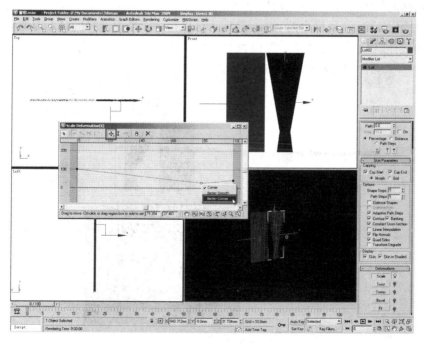

图 7.14　更改控制点的属性

(4) 通过向上移动控制点的手柄将两段红线分别调整成曲线，视图中放样物体的外轮廓也随之发生了弯曲，如图 7.15 所示。

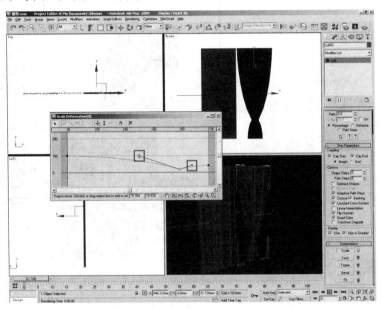

图 7.15　调整放样物体的轮廓

(5) 在修改器堆栈中将 Loft 列表展开，选择 Shape 选项，然后用移动工具在前视图中框选中正在修改的放样物体。

框选物体的目的是为了选中物体上的截面子选项，只有选中了放样物体上的截面子选项，Shape Commands 卷展栏中的 Align 选项才可以选择，当前选择的是 Left 选项，代表着放样截面和放样路径是左对齐的，效果如图 7.16 所示。

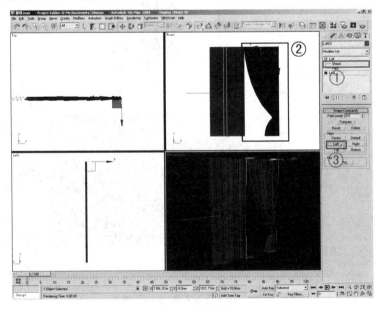

图 7.16　选择对齐方式

(6) 选择好对齐方式后，如果窗帘的形状还不理想，可以在修改器堆栈中选中 Loft 选项后再次打开 Scale Deformation(X)窗口继续调整物体的轮廓，直到满意为止，如图 7.17 所示。

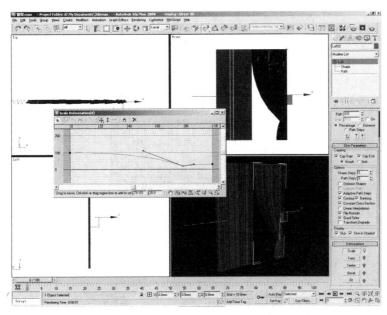

图 7.17　继续调整物体的轮廓

7.1.5　编辑布料材质并赋予窗帘

(1) 打开材质编辑器 ，选择一个空白的材质球，展开 Maps 卷展栏，为 Diffuse Color 贴图通道施加一张布艺贴图，如图 7.18 所示。

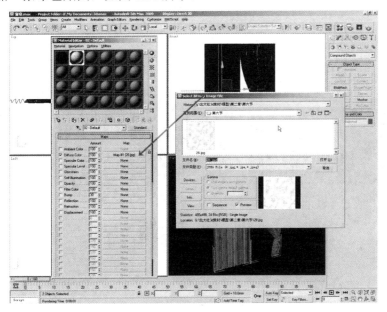

图 7.18　施加贴图

(2) 如果施加的贴图需要调整纹理的大小，则需要为模型施加 UVW Map(贴图坐标)命令，贴图方式选择 Box，通过调整 Length、Width 和 Height 的参数来控制纹理的大小。如果感觉贴图的纹理大小合适，则本步骤可以省略。

7.2 制 作 完 成

窗帘的最终效果如图 7.19 所示。

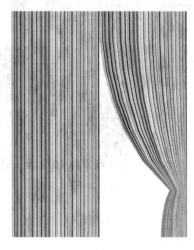

图 7.19　窗帘的最终效果

本 章 小 结

窗帘在室内装饰中起到调节光线、保护生活隐私、调整室内温度和软化墙体硬度感觉等重要的作用，而且窗帘的面积较大，因而其颜色、造型等因素对室内装饰的风格影响较大。在 3ds Max 中制作窗帘有两种方法：一种是舒展的、不捆扎变形的窗帘，将画好的截面线直接挤出就可以了，这种方法比较简单；另一种就是本章中学习的通过放样来制作，这样可以对窗帘进行缩放等变形的操作。

课 后 习 题

1. 请详细总结 Loft(放样)的操作过程。
2. 放样物体在缩放变形时应该注意什么？
3. 完成图 7.20～图 7.23 所示的模型的创建。

图 7.20　拓展训练模型——坐凳整体效果

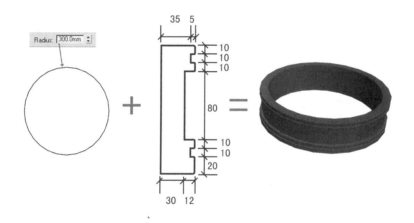

放样路径　　　　　　放样截面　　　　　　放样物体

图 7.21　拓展训练模型——坐凳框架

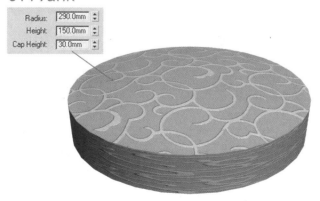

图 7.22　拓展训练模型——坐凳座面

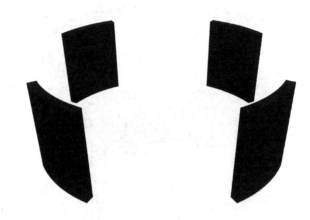

图 7.23　拓展训练模型——坐凳腿(圆弧线、轮廓 20、挤出 200)

第 **8** 章

常用 V-Ray 材质参数设置

项目概述

　　V-Ray 材质是将 3ds Max 的渲染器由默认的扫描线切换成 V-Ray 之后出现的材质类型,材质编辑器的卷展栏参数会有比较大的变化。V-Ray 材质的效果比标准材质更真实,而且需要调整的参数比较少,使用起来更方便。

　　渲染器切换成 V-Ray 之后,单击材质编辑器中的  Standard 按钮,会弹出 Material/Map Browser(材质贴图浏览器)面板,在材质类型列表中可以选用 V-Ray 材质类型。常用的有 VRayMtl(VRay 专业材质)、VRay 材质包裹器和 VRay 灯光材质。

任务目标

任务目标	学习心得	权重
VRayMtl(V-Ray 专业材质)各项参数的含义		10%
能够用 VRayMtl(V-Ray 专业材质)调整各类材质效果		60%
VR 材质包裹器的用途		15%
VRay 灯光材质的用途		15%

 引例

V-Ray 渲染器是一个模拟全局光照的渲染器，对照明有仿真功能，所以用 V-Ray 材质类型调整的材质效果非常细腻真实，能够完美地体现出色彩、贴图的真实性。传统的效果图与使用 V-Ray 材质的效果图相比，有点类似于小板凳与太师椅的差距。真实的材质效果如图 8.1 所示。

图 8.1　真实的材质效果

思考：VRayMtl(VRay 专业材质)的优点。

任务内容

掌握 VRayMtl(VRay 专业材质)的各项参数的含义及其设置方法，并能够使用它来调整常用材质类型的效果。VRay 材质类型如图 8.2 所示，材质球的显示含义如彩插图 8.3 所示。

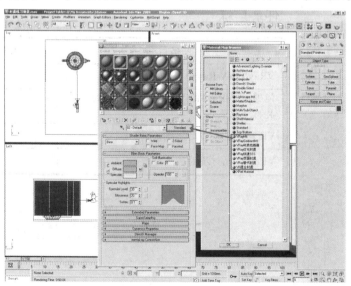

图 8.2　VRay 材质类型

8.1 VRayMtl

VRay 渲染器提供了一种特殊的材质——VRayMtl(V-Ray 专业材质)。在场景中使用该材质能够获得更加准确的物理照明，更快的渲染，反射和折射参数调节更方便。大部分材质都可以使用 VRayMtl(V-Ray 专业材质)来调整。

8.1.1 基本参数卷展栏

基本参数卷展栏如图 8.4 所示。

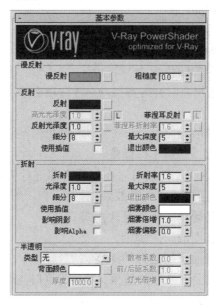

图 8.4 基本参数卷展栏

(1) 漫反射：材质的漫射区颜色(即材质的固有色)。单击后面的空白按钮可以使用贴图。

(2) 反射：这一部分主要控制 VRayMtl(V-Ray 专业材质)的反射效果。它和下面的折射选项是 VRayMtl(V-Ray 专业材质)参数的核心部分。

① 反射：颜色的灰度决定了反射的强度，黑色时没有反射，白色时是完全的镜面反射，灰色时是根据灰度级的不同而介于无反射和镜面反射之间的不同级别的中度反射。单击后面的空白按钮可以使用贴图。

② 高光光泽度：控制材质的高光，数值越小，高光范围越大。一般情况下，L 形按钮被按下，高光光泽度处于非激活状态，无需对其进行调整。

③ 反射光泽度：数值为 1 时是镜面反射的效果，数值越小，反射效果越模糊。通常的调整范围在 0.6～0.95。

④ 细分：控制材质的渲染质量，数值越高，效果越好，渲染越慢，一般不需要调整。

⑤ 使用插值：使用一种类似于发光贴图的缓存方式来加快模糊反射的计算速度。

⑥ 菲涅耳反射：和折射率相关联，折射率的数值变化影响变化效果。

⑦ 最大深度：决定反射进行的最大次数。当场景中设置了较多的具有反射、折射效果的材质时，这个数值要设置的较大才能产生真实的效果，一般不需要调整。

⑧ 退出颜色：控制反射的颜色，一般不需要调整。

(3) 折射。

① 折射：控制材质的透明度及色彩。单击后面的空白按钮可以使用贴图。

② 光泽度：控制材质透明的模糊度。

③ 细分：控制材质折射的渲染质量，数值越高，效果越好。

④ 使用插值：使用一种类似于发光贴图的缓存方式来加快模糊折射的计算速度。

⑤ 影响阴影：勾选时会使物体投射透明阴影，透明阴影的颜色取决于折射颜色和雾颜色。这种效果只在使用 VR 灯光和 VR 阴影时有效(勾选时灯光可以穿透玻璃)。

⑥ 影响 Alpha：影响 Alpha 通道。

⑦ 折射率：光线通过透明物体所发生的折射率。

⑧ 最大深度：决定折射进行的最大次数。

⑨ 退出颜色：控制折射的颜色。

⑩ 烟雾颜色：光线穿透材质时会变得稀薄。该选项可以用来模拟厚的物体比薄的物体透明度低的情形。

⑪ 烟雾倍增：决定雾效的强度。

⑫ 烟雾偏移：雾的偏移，一般不作调整。

(4) 半透明：使材质半透明，光线可以在材质内部进行传递，即次表面散射效果。要使这种效果可见的前提是激活材质的折射效果。

① 类型：有两种，一是硬模式，二是软模式。

② 背面颜色：控制次表面散射的颜色。

③ 厚度：限定光线在表面下被追踪的深度。

④ 散布系数：光线在表面下散布的数量。数值为 0 时光线会在任何方向上被散射；数值为 1 时光线不能改变散射方向。

⑤ 前/后驱系数：控制光线散射的方向。数值为 0 时光线向前散射，数值为 0.5 时光线向前和向后散射是相等的，数值为 1 时光线向后散射。

⑥ 灯光倍增：半透明效果的倍增。

8.1.2 BRDF 卷展栏：控制高光类型

BRDF 卷展栏如图 8.5 所示。

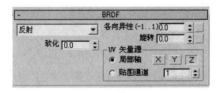

图 8.5 BRDF 卷展栏

(1) 有以下 3 种双向反射分布类型可供选择。

① 多面：高光区域最小。

② 反射：高光区域次之。

③ 沃德：高光区域最大。

(2) 各向异性：控制高光的各向异性。

(3) 旋转：控制高光的旋转角度。

(4) UV 矢量源：可以选择局部轴或者通过贴图通道设置。

8.1.3　选项卷展栏

选项卷展栏如图 8.6 所示。

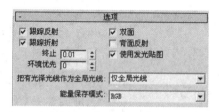

图 8.6　选项卷展栏

(1) 跟踪反射：控制光线是否跟踪反射。

(2) 跟踪折射：控制光线是否跟踪折射。

(3) 双面：控制 V-Ray 是否设定几何体的面都是双面。

(4) 背面反射：强制 V-Ray 始终跟踪光线。

8.1.4　常用的 VRayMtl(V-Ray 专业材质)参数调整

1. 镜面不锈钢

漫反射的 Value 值调整为 128；反射的 Value 值调整为 255；其他参数默认。效果如图 8.7 及彩插图 8.8 所示。

图 8.7　镜面不锈钢材质效果

2. 磨砂不锈钢

漫反射的 Value 值调整为 128；反射的 Value 值调整为 205；反射光泽度调整为 0.9，其他参数默认。效果如图 8.9 及彩插图 8.10 所示。

图 8.9　磨砂不锈钢材质效果

3. 金质金属

漫反射的 Value 值调整为 0；反射的 RGB 值调整为 176、125、75；高光光泽度调整为 0.8；反射光泽度调整为 0.95，其他参数默认。效果如图 8.11 及彩插图 8.12～图 8.14 所示。

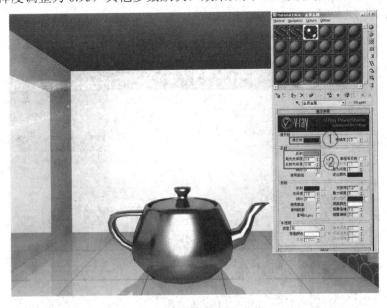

图 8.11　金质金属材质效果

4. 清水玻璃

漫反射的 Value 值调整为 128；反射的 Value 值调整为 250；高光光泽度调整为 0.8；折射的 Value 值调整为 255；勾选菲涅耳反射，勾选影响阴影，其他参数默认。效果如彩插图 8.15 及图 8.16 所示。

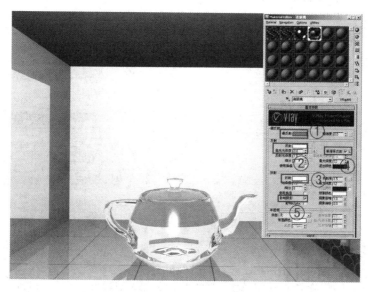

图 8.16　清水玻璃材质效果

5. 绿色玻璃

漫反射的 RGB 值调整为 102、166、156；反射的 Value 值调整为 255；高光光泽度调整为 0.8；折射的 RGB 值调整为 186、215、210；勾选菲涅耳反射，勾选影响阴影，其他参数默认。效果如图 8.17 所示。

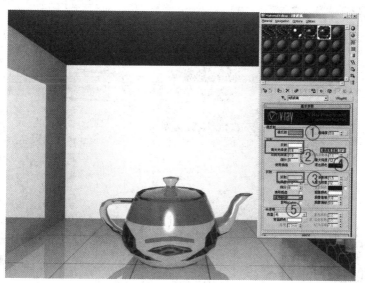

图 8.17　绿色玻璃材质效果

6. 磨砂玻璃

漫反射的 Value 值调整为 130；反射的 Value 值调整为 255；高光光泽度调整为 0.8；反射光泽度调整为 0.9；折射的 Value 值调整为 255；折射光泽度调整为 0.87；勾选菲涅耳反射，勾选影响阴影，其他参数默认。效果如图 8.18 及彩插图 8.19 所示。

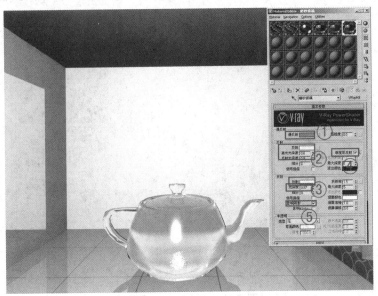

图 8.18　磨砂玻璃材质效果

7. 镜面玻璃

漫反射的 Value 值调整为 128；反射的 Value 值调整为 255，其他参数默认。效果如图 8.20 所示。

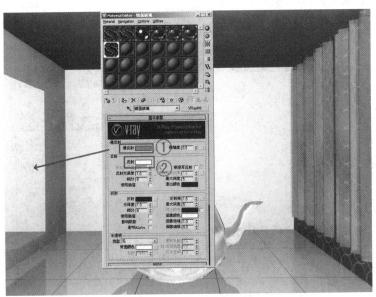

图 8.20　镜面玻璃材质效果

8. 白色陶瓷

漫反射的 Value 值调整为 255；反射的 Value 值调整为 228；勾选菲涅耳反射，其他参数默认。效果如图 8.21 及彩插图 8.22 所示。

图 8.21　白色陶瓷材质效果

9. 瓷砖

漫反射后面加贴图；反射的 Value 值调整为 50；高光光泽度调整为 0.8；反射光泽度调整为 0.85；其他参数默认。效果如图 8.23 及彩插图 8.24 所示。

图 8.23　瓷砖材质效果

提示

地砖、墙砖在实际施工中是有灰缝的，做图时要把灰缝表现出来，通常可以在 Photoshop 中把灰缝的效果用黑线画出来。

砖有尺寸的区别，怎样才能比较精确地表现砖的大小是经常遇到的问题，这就需要使用 UVW Map 命令来调整贴图坐标。需要多大的砖就把贴图坐标的尺寸调整成多大。

10. 高光漆木材

漫反射后面加贴图；反射的 Value 值调整为 20；反射光泽度调整为 0.9，其他参数默认。效果如图 8.25 所示。

图 8.25　高光漆木材材质效果

11. 亚光漆木材

漫反射后面加贴图；反射的 Value 值调整为 10；勾选菲涅耳反射，其他参数默认。效果如彩插图 8.26 及图 8.27 所示。

 提示

常用的几种木纹的光泽是有差异的，调整材质的时候需要注意。深色的木纹材质如黑胡桃、黑橡木等纹路的色差大，纹理清晰。浅色的木材如榉木、桦木等纹路不清晰。可以通过凹凸贴图通道的参数适当加以控制。

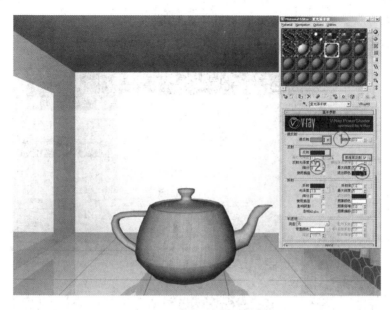

图 8.27　亚光漆木材材质效果

12. 木地板

　　漫反射后面加贴图；反射的 Value 值调整为 65；反射光泽度调整为 0.9；在 Maps 卷展栏中将漫反射贴图通道中的贴图关联复制到凹凸贴图通道上，强度调整为 100；模型上要加贴图坐标，参数根据贴图的尺寸调整。效果如图 8.28 及彩插图 8.29 所示。

图 8.28　木地板材质效果

13. 石材

　　漫反射后面加贴图；反射后面加 Falloff；高光光泽度调整为 0.8；反射光泽度调整为

0.9；其他参数默认。效果如图 8.30 及彩插图 8.31 所示。

图 8.30　石材材质效果

14. 黑色皮革

漫反射的 Value 值调整为 35；反射的 Value 值调整为 60；高光光泽度调整为 0.7；反射光泽度调整为 0.8；凹凸贴图通道后面加皮革纹理贴图，强度调整为 50，其他参数默认。效果如图 8.32 及彩插图 8.33 所示。

图 8.32　黑色皮革材质效果

15. 布料

漫反射后面加贴图；将漫反射贴图通道后面的贴图关联复制到凹凸贴图通道后面，强度不调；根据需要用贴图坐标调整花纹的大小，其他参数默认。效果如图 8.34 及彩插图 8.35 所示。

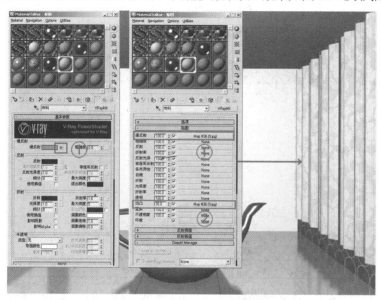

图 8.34　布料材质效果

16. 纱帘

漫反射的 Value 值调整为 255，如果调有色的纱帘可以改变漫反射的颜色；折漫后面加 Noise；勾选影响阴影，其他参数默认。效果如图 8.36 及彩插图 8.37 所示。

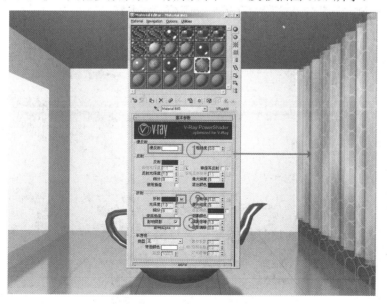

图 8.36　纱帘材质效果

17. 麻质地毯

漫反射后面加贴图；将漫反射贴图通道后面的贴图关联复制到凹凸贴图通道后面，强度不调；根据需要用贴图坐标调整花纹的大小，其他参数默认。效果如图 8.38 所示。

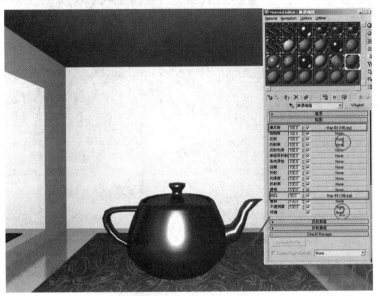

图 8.38　麻质地毯材质效果

18. 白色乳胶漆

漫反射的 Value 值调整为 255，其他参数默认。效果如图 8.39 所示。

图 8.39　白色乳胶漆材质效果

19. 壁纸

漫反射后面加贴图；如果壁纸有凹凸肌理，就将漫反射贴图通道后面的贴图关联复制到凹凸贴图通道后面，强度做适当调整；根据需要用贴图坐标调整花纹的大小，其他参数默认。效果如图 8.40 及彩插图 8.41 所示。

图 8.40　壁纸材质效果

20. 黑色塑料

漫反射的 Value 值调整为 0；反射的 Value 值调整为 20；高光光泽度调整为 0.6；反射光泽度调整为 0.7，其他参数默认。效果如图 8.42 所示。

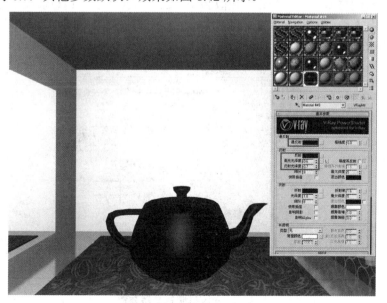

图 8.42　黑色塑料材质效果

21. 电脑、电视机液晶屏

漫反射的 Value 值调整为 0；反射的 Value 值调整为 160；高光光泽度调整为 0.9；反射光泽度调整为 0.98；勾选菲涅耳反射，其他参数默认。效果如图 8.43 所示。

图 8.43　液晶屏材质效果

其他材质的效果图如彩插图 8.44、彩插图 8.45 所示。

8.2　VR 材质包裹器

主要用于控制材质的全局光照、焦散和物体的不可见内容。该材质类型通常被用来调整木地板以控制木地板的溢色现象，将基本材质后面的材质类型调整为 VRayMtl，然后按照 VRayMtl(V-Ray 专业材质)中木地板的参数调整即可。VR 材质包裹器参数如图 8.45 所示。

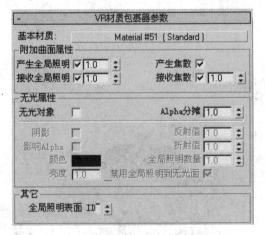

图 8.45　VR 材质包裹器参数

1．基本材质

必须选择 V-Ray 渲染器支持的材质类型。

2．附加曲面属性

(1) 产生全局照明：控制使用此材质的物体产生全局照明的强度。

(2) 接收全局照明：控制使用此材质的物体接收全局照明的强度。

(3) 产生焦散：控制使用此材质的物体是否产生焦散。

(4) 接收焦散：控制使用此材质的物体是否接收焦散。

(5) 焦散倍增器：控制产生和接收焦散的倍增值。

3．无光泽属性

主要用于渲染阴影通道。

(1) 无光对象：勾选该项时可以设置不可见表面的相关参数。

(2) Alpha 分摊：通道呈现，控制当前包裹材质物体的通道状态，1 表示产生通道，0 表示不产生通道，–1 表示会影响其他物体的通道。

(3) 阴影：控制当前包裹材质物体是否产生阴影效果。

(4) 颜色：设置包裹材质物体产生的阴影颜色。

(5) 亮度：控制阴影的亮度。

(6) 反射值：控制当前包裹材质物体的反射数量。

(7) 折射值：控制当前包裹材质物体的折射数量。

(8) 全局照明数量：控制当前包裹材质物体的全局光总量。

8.3　VRay 灯光材质

图 8.47 所示是 V-Ray 的自发光材质。

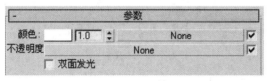

图 8.47　VR 灯光材质

(1) 颜色：自发光材质的颜色。

(2) 1.0：该数值控制自发光的亮度。

(3) 不透明度：可以用一种贴图来控制自发光材质的不透明度。

(4) 双面发光：勾选该项可以设置材质具有双面效果。

图 8.48 所示为 VRay 灯光材质效果。

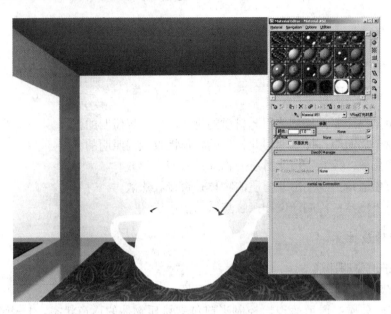

图 8.48　VRay 灯光材质效果

本 章 小 结

(1) VRayMtl (V-Ray 专业材质)相对于标准材质效果更真实，参数调整却更简单，渲染更快，对光的感应更准确，总体上来讲灵活易用。

(2) 作图的时候，不用调整反射的材质可以用标准材质类型来调，有反射的材质可以用 VRayMtl(V-Ray 专业材质)来调整。

(3) 使用 V-Ray 渲染器渲染时，标准材质和 VRayMtl(V-Ray 专业材质)两种材质都可以用，但是当使用默认的扫描线渲染器时，只可以用标准材质，否则材质识别不出来。

课 后 习 题

1. 练习调整各种 VRayMtl(V-Ray 专业材质)材质的参数。
2. 练习材质包裹器的应用。
3. 要使模型不产生阴影，应该用哪个参数来控制？
4. 请思考高光漆木材和亚光漆木材的参数有哪些区别。
5. 请总结 V-Ray 渲染器的优点。

第 **9** 章

常用灯光类型详解

项目概述

    在效果图制作的建模阶段，场景中有两盏默认的灯光作临时照明，以方便观察模型。到了设置灯光的阶段，两盏默认灯光就不能满足各种照明的需要了，因而从手动设置第一盏灯光开始，默认灯光会自动关闭，不再起作用，场景完全依靠手动设置的灯光来照明，以营造多种多样的照明效果。

    不同用途的效果图会有不同的灯光布置方法，但是，灯光设置的原理、灯光参数的调整方法是相同的。掌握了常用的灯光参数，才能在效果图中设置出合适的灯光效果。

    常用的灯光类型包括：VR 天光与 VR 阳光、VRay 灯光、Target Light 和 Omni 几种。下面详细解释每种灯光参数的含义。

任务目标

任务目标	学习心得	权重
掌握 VR 天光与 VR 阳光的设置方法		25%
掌握 VRay 灯光的设置方法		30%
掌握 Target Light(目标光源)的设置方法		35%
掌握 Omni(泛光灯)的设置方法		10%

引例

在很多人的记忆里，大概都有一个与灯光有关的温暖故事。灯光给人的视觉感受非常强烈，白色的灯光感觉明亮，黄色的灯光感觉温暖，灯光让人感觉到阵阵温暖。所以我国台湾地区著名照明设计师袁宗南说："照明设计不是物理学，灯光设计讲究的是营造气氛。灯光应该给人'家'的感觉。"效果图给人的视觉感受很大程度上来自于灯光，所以在学习中要深刻理解灯光适用的环境，以营造出最佳的环境氛围。如图9.1所示为建筑夜景灯光照明。

图 9.1　建筑夜景灯光照明

思考：灯光的具体应用。

任务内容

掌握 VRayMtl(V-Ray 专业材质)的各项参数的含义及其设置方法，并能够用它来调整常用材质类型的效果。

9.1　VR 天光与 VR 阳光

VR 天光与 VR 阳光能模拟真实的天空光和太阳光效果。依据 VR 阳光位置的变化可以使关联的 VR 天光也发生明暗与冷暖的变化。VR 阳光能模拟自然太阳光在一天中不同的时间所处的不同位置产生的变化，包括亮度和色调。如图9.2所示为 VR 阳光的效果。

图 9.2　VR 阳光的效果

9.1.1　创造 VR 阳光

创建 VR 阳光时会弹出一个对话框，问是否想自动添加 VRay 天光环境贴图，如图 9.3 示。这个对话框通常单击"是"按钮，用这张环境贴图来模拟天光的照明。

图 9.3　添加 VR 天光环境贴图

9.1.2　调整 VR 阳光的参数

VR 阳光创建完成后，首先调整 VR 阳光的参数。图 9.4 所示为 VR 阳光参数卷展栏。

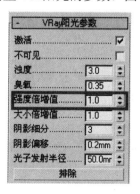

图 9.4　VR 阳光参数卷展栏

(1) 浊度：大气混浊度的大小。人们看太阳时，会因太阳离人们的远近不同而间隔的大气层的厚度不同，呈现出不同的颜色。早晨和黄昏太阳光在大气层中穿越的距离最大，大气的浊度最高因而会呈现偏红色的光线；中午的浊度最小因而会呈现白色光线。

(2) 臭氧：臭氧层的厚薄会决定到达地面的紫外线的多少。该选项对太阳光线的影响很小，一般不用调整。

(3) 强度倍增器：控制光线的强弱。这是 VR 阳光的主要调节项，常用的初始数值是0.01，然后根据需要进行增减。

(4) 大小倍增器：太阳尺寸的大小。

(5) 阴影细分：数值越大产生的阴影质量越高。

(6) 阴影偏移：数值为 1 时阴影产生明显偏移，大于 1 时阴影远离投影物体，小于 1时阴影靠近投影物体。

9.1.3 调整 VR 天光的参数

(1) 调整渲染背景的颜色。运行 Rendering→Environment 命令，将 Background 选项下的颜色调整为浅蓝色，参考 RGB 值为 220、240、255，如图 9.5 所示。

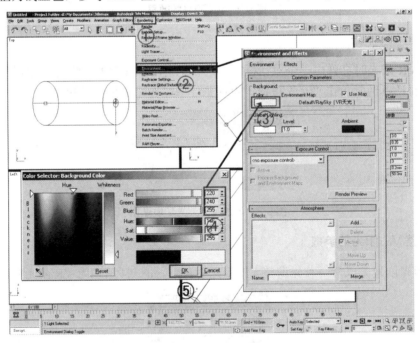

图 9.5 调整背景颜色

(2) 打开材质编辑器，将 VR 天光以 Instance 的方式复制到材质编辑器的一个空白材质球上，方便对其参数进行调整和控制。

在材质编辑器的 VR 天光参数卷展栏中，首先勾选"手动阳光节点"选项，然后单击"阳光节点"选项后的按钮，在视图中拾取 VR 阳光，将 VR 天光与 VR 阳光关联，使 VR阳光的位置影响 VR 天光的变化，如图 9.6 所示。

参数只调整阳光强度倍增，初始数值通常调整为 0.03，然后根据需要进行增减。

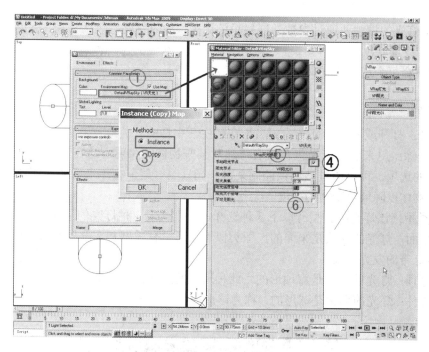

图 9.6　将 VR 天光与 VR 阳光关联

9.2　VRay 灯光

VRay 灯光能够很好地模拟灯带等成片状的光照效果，如图 9.7 所示。

图 9.7　VRay 灯光的效果

VRay 灯光的调整要通过参数卷展栏里的选项，参数卷展栏包括常规、强度、大小、选项、采样和纹理 6 项内容。除纹理一项很少调节外，其他的几项都是控制灯光必需的参数。下面详细解释每个选项的含义及作用。

9.2.1 常规

(1) 开：打开或者关闭灯光，相当于实际生活中灯的开关。

(2) 排除：用来设置灯光包含或者排除对某些物体的照射。这在灯光的设置过程中是比较有用的选项，可以通过该选项控制某盏灯光只照射某个物体来增加局部亮度，或者不照射某个物体以降低该物体的亮度。

(3) 类型：该灯光的类型有以下 3 种选择，分别代表 3 种灯光的形状。

① 平面：灯光的形状是平面的，即类似于矩形，有长度和宽度的参数可供调整大小，用来模拟灯带的发光效果。

② 穹顶：灯光的形状是穹顶形的，此种形状的灯光在效果图中不常用。

③ 球体：灯光的形状是球形的，称为球形光，常用来模拟台灯和壁灯的光照效果，如图 9.8 所示。

图 9.8 用球形 VRay 灯光模拟台灯的效果

9.2.2 强度

(1) 单位：灯光的亮度单位，通常选择默认。

(2) 颜色：设置灯光的颜色，单击色块调出颜色选择器就能选择想要的颜色。灯光通常是白色的，少数效果图会根据设计意图设置为黄色、蓝色等。灯光的颜色调整凭感觉调得差不多即可，一般不需要按照严格的参数去调。

(3) 倍增器：用于调整灯光的亮度，数值越大，灯光越亮。

9.2.3 大小

当灯光的类型选择为平面时，通常用来模拟灯带，该选项下有两个参数可以调整，分别是半长和半宽，即通常意义上的长度和宽度，用来控制灯光的尺寸。

(1) 半长：设置灯光的长度。灯光的长度要和与其配套的模型长度相一致，比如放在吊顶上，那吊顶有多长，灯光就要有多长。选择球体类型时该尺寸为球体的半径。

(2) 半宽：设置灯光的宽度。灯的宽度取决于其所处的两个模型之间的距离，比如放在吊顶上时，吊顶模型距离屋顶模型有多远，灯光就有多宽。

(3) W 尺寸：光源的 W 的方向。该数值通常不做调整。

9.2.4　选项

图 9.9 所示为 VRay 灯光参数卷展栏。

图 9.9　VRay 灯光参数卷展栏

(1) 双面：当 VRay 灯光为平面光源时，勾选该项可以控制光线从两个面发射出来。一般该选项不用勾选。

(2) 不可见：在渲染窗口中不可见灯光的形状。这个选项默认没有勾选，设置灯光参数的时候要将其勾选。

(3) 忽略灯光法线：不勾选该项时，会在光源的表面法线方向上发射更多的光线。勾选该项时，渲染的结果会更加平滑，该选项需要勾选。

(4) 不衰减：勾选该项时，所产生的光线不会随距离而衰减。否则，光线将随距离而衰减。该选项不需要勾选。

(5) 天光入口：天光的入口。该选项不需要勾选。

(6) 存储发光贴图：勾选该项并且全局光照明设定为发光贴图时，V-Ray 将再次计算VR 灯光的效果并将其储存到发光贴图中。发光贴图会计算得更慢，但渲染时间会减少，还可以将发光贴图保存下来再次使用。该选项不需要勾选。

(7) 影响漫射：灯光影响到漫射区域，该选项需要勾选。

(8) 影响高光反射：灯光影响到高光区域，该选项需要勾选。

(9) 影响反射：灯光影响到反射区域，该选项需要勾选。

9.2.5 采样

(1) 细分：设置计算灯光的精细度。数值越高，灯光效果越好，渲染速度越慢。默认值为 8，正式渲染时通常调整为 32。

(2) 阴影偏移：设置阴影与产生该阴影物体的距离，该选项一般不做调整。

9.3 Target Light(目标光源)

Target Light(目标光源)主要用来模拟墙面上的筒灯、射灯的照明效果，通常要与光域网文件配合使用，可以制作出非常绚丽的光晕效果，如图 9.10 所示。

图 9.10 Target Light 的效果

Target Light(目标光源)的参数分列在几个不同的卷展栏中，参数的详解如下。

9.3.1 General Parameters 卷展栏

图 9.11 所示为 General Parameters 卷展栏。

图 9.11 General Parameters 卷展栏

1. Light Properties(灯光属性)区域

(1) On：灯光的开关。该选项默认是勾选的。

(2) Targeted：目标点的开关。

2. Shadows(阴影)区域

(1) On：阴影的开关。该选项默认不勾选。需要该盏灯产生阴影时需手动设置一下，将其勾选即可。

(2) Use Global Settings：使用全局设置。

(3) Shadow Map 下拉列表：阴影类型的选择，如果使用 VRay 渲染器，则阴影的类型通常选择为 VRayShadow，如图 9.12 所示。

(4) Light Distribution(灯光分布)区域：选择灯光分布方式。通常选择为 Photometric Web(光域网)。选择为 Photometric Web(光域网)，就会在该选项下方增加一个 Distribution (分布)卷展栏，用来添加光域网文件，如图 9.13 所示。

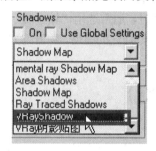

图 9.12　阴影类型的选择

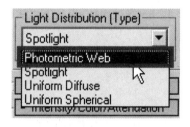

图 9.13　灯光分布方式的选择

9.3.2　Distribution(分布)卷展栏

选择 Photometric Web 灯光分布方式后出现的卷展栏，用来添加光域网文件，以使灯光在照射到墙面时产生所需的光晕效果，如图 9.14 所示。

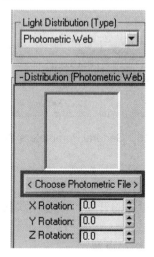

图 9.14　Distribution 卷展栏

9.3.3 Intensity/Color/Attenuation 卷展栏

该卷展栏用来调整灯光的亮度、颜色和衰减。在此主要解释图 9.15 中框起的部分。

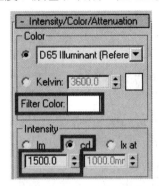

图 9.15 Intensity/Color/Attenuation 卷展栏

(1) Filter Color：调整灯光的颜色。根据设计需要调整灯光颜色为白色或其他。

(2) cd(坎德拉)：灯光亮度的单位。在调整该灯光强度时，通常选用比较直观的 cd(亮度单位)，而不用 lm(光效单位)或 lx(照度单位)。其下方的数值调整灯光的亮度，数值越大灯光越亮。

9.4 Omni(泛光灯)

泛光灯通常可以用来模拟室内吊灯等主光源照明，用作补光，在建模时可以用来作临时照明灯光，在调整了衰减的情况下用作台灯的照明，阵列复制作圆形的灯带。其用途比较广泛，参数释义如下(有些参数的含义在前面的灯光类型中已经解释过，在此就不再详解)。

9.4.1 General Parameters 卷展栏

图 9.16 所示为 General Parameters 卷展栏。

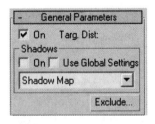

图 9.16 General Parameters 卷展栏

各个选项的含义如下。

(1) On：灯光的开关。该选项默认是勾选的。

(2) Shadows 区域下的 On：阴影的开关。该选项默认不勾选，需要该盏灯产生阴影时需手动设置一下。

(3) Use Global Settings：使用全局设置。

(4) Shadow Map 下拉列表：阴影类型的选择，如果使用 VRay 渲染器，则阴影的类型通常选择为 VRayShadow。

(5) Exclude：排除或包含对某些物体的照射。

9.4.2 Intensity/Color/Attenuation 卷展栏

该卷展栏用来调整灯光的亮度、颜色和衰减。在此只解释图 9.17 中框起的部分。

(1) Multiplier：倍增器，用来调整灯光的亮度，数值越大，灯光越亮。其右侧的白色块用来设置灯光的颜色。

(2) Far Attenuation 区域：调整灯光的远距衰减。这是调节灯光衰减常用的参数。

(3) Use：应用。要调整远距衰减，必须将此项勾选，参数才能起作用。

(4) Start：衰减开始的距离。这个数值指的是光线的衰减点与光源的距离。

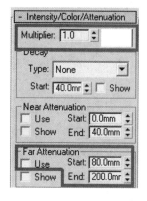

图 9.17　Intensity/Color/Attenuation 卷展栏

(5) End：衰减结束的距离。此数值决定灯光能照射的最远距离，即灯光的照射距离到此为止，此范围之外的物体这盏灯就照不到了。

本 章 小 结

(1) 3ds Max 中内置的灯光类型很多，但是在实际应用中，常用的就是本章中提到的 4 种，用这 4 种灯光可以设置大部分效果图的照明效果。

(2) 灯光设置的原理都差不多，通过参数控制其亮度、颜色、阴影、衰减，所以即使有其他类型的灯光需要设置，按照已经学过的方法和思路去操作是没有问题的。

(3) 灯光亮度的设置要比实际效果略低一些，因为在用 Photoshop 做后期时，调亮是比较容易而且效果明显的，但要调暗，往往效果不好。

课 后 习 题

1. 练习调整各种灯光的参数。
2. VR 天光在哪个菜单命令的参数面板中？
3. 调整泛光灯的衰减有什么意义？
4. 球形 VRay 灯光适用于什么类型的灯具？
5. 请思考光域网在灯光的设置中起什么作用。

第 **10** 章

客厅效果图的制作

项目概述

　　客厅效果图是制作室内效果图的典型工作任务，是工作中最经常接触的任务之一。其制作流程包括设置渲染器、建模并赋予材质、设置摄像机、设置灯光、渲染和进行后期处理，能够比较全面地练习制作室内效果图的步骤和技巧。

任务目标

任务目标	学习心得	权重
正确设置 V-Ray 渲染器草图级渲染的参数		5%
掌握室内效果图的建模、流程和所需 V-Ray 材质的参数		30%
能够将家具和家电模型合并到场景中并重新调整所合并模型的材质		10%
能够设置 V-Ray 渲染器在设置灯光时所用的参数		5%
掌握室内效果图常用灯光类型的设置方法		20%
熟练按照渲染发光贴图、渲染成图、渲染通道的流程将 3D 场景渲染为效果图		15%
能够使用 Photoshop 为渲染完成的效果图进行后期处理，提高效果图的艺术感		15%

引例

　　客厅也叫起居室，是一个家庭主人与客人会面的地方，也是家人娱乐、聚谈的重要活动场所，具有多功能的使用性，其设计风格体现着主人的品位和意境。周而复在《上海的早晨》第一部中写道："梅佐贤走进了客厅。穿着白卡叽布制服的老王捧着一个托盘轻轻走过来，把一杯刚泡上的上等狮峰龙井茶放在梅佐贤面前的矮圆桌上。"巴金在《灭亡》第七章中写道："楼下客厅里，浅绿色的墙壁上挂了几张西洋名画，地板上铺着上等地毯。"在这些文学作品的描述中，能够看到小说中客厅的设计细节，比如"矮圆桌""浅绿色的墙壁""上等地毯"等，透过这些细致的描写，可以感受到小说中人物的生活环境和水准。

　　客厅的设计风格多种多样，有中式风格、欧式风格、地中海风格、田园风格、东南亚风格、现代简约风格等等，不同的设计风格有不同的适用人群，取决于主人的审美和爱好。如图 10.1 和图 10.2 所示分别为田园风格客厅和中式风格客厅。

图 10.1　田园风格客厅

图 10.2　中式风格客厅

　　思考：室内效果图的建模流程。

10.1 创建模型与调整材质

 任务内容

建模开始之前，要将渲染器切换成 V-Ray 并进行初步的设置，3ds Max 才能识别 V-Ray 材质类型，才能在材质编辑器里调整 V-Ray 材质的参数。

完成客厅模型的创建和材质的赋予，包括墙体、界面装饰、家具和电器。任务完成后的最终效果如图 10.3 所示。

图 10.3 客厅模型与材质效果

任务实施流程

1. 制作空间	2. 制作界面装饰	3. 制作家具等模型

续表

4. 合并灯具等模型		
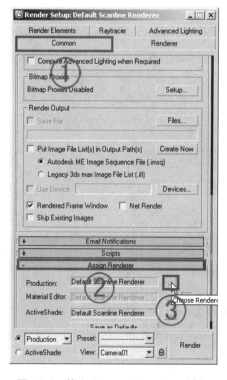		

 任务实施具体过程

10.1.1 切换渲染器并进行设置

（1）打开渲染设置面板，在 Common 选项卡下展开 Assign Renderer 卷展栏，单击 Production 后面的 Choose Renderer 按钮，在弹出的对话框中选择 V-Ray 渲染器，如图 10.4 所示。

（2）在弹出的对话框中选择 V-Ray 渲染器，然后单击"OK"按钮，如图 10.5 所示。

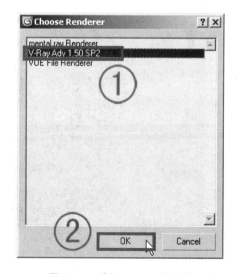

图 10.4　单击 Choose Renderer 按钮　　　　图 10.5　选择 V-Ray 渲染器

（3）设置草图级渲染图像输出尺寸。在 Common 选项卡下 Common Parameters 卷展栏中锁定图像比例，设置 Width 为 500、Height 为 375，如图 10.6 所示。将输出尺寸调小是为了加快预览速度。

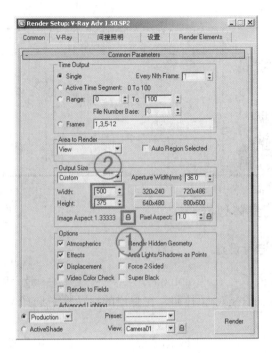

图 10.6　设置输出尺寸

(4) 设置 V-Ray：全局开关卷展栏。在 V-Ray 选项卡下 "V-Ray::全局开关" 卷展栏中去掉 "光泽效果" 复选框的勾选；在 "V-Ray::图像采样器" 卷展栏中将图像采样器的类型切换为 "固定"，并去掉抗锯齿过滤器中 "开" 复选框的勾选，如图 10.7 所示。

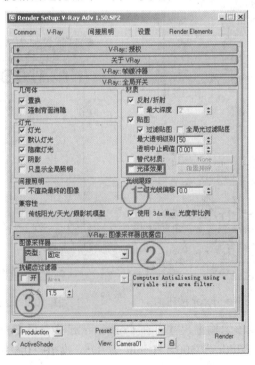

图 10.7　设置全局开关和图像采样器

（5）设置 V-Ray：系统卷展栏。在设置选项卡下"V-Ray::系统"卷展栏中，设置区域排序为上→下，去掉"显示窗口"复选框的勾选，如图 10.8 所示。

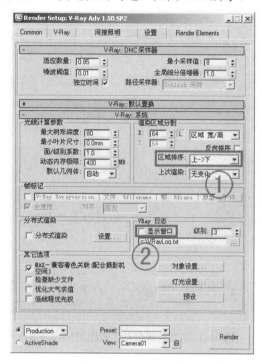

图 10.8　设置系统

10.1.2　制作室内空间

制作图 10.9、图 10.10 所示的室内空间。

图 10.9　空间模型与材质效果

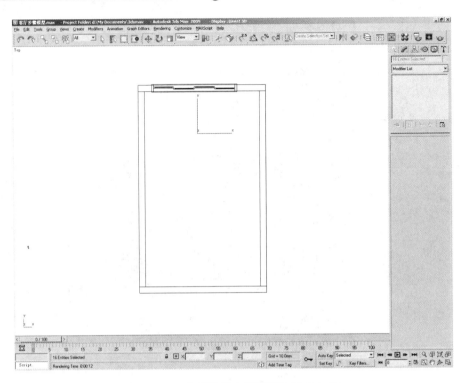

图 10.10 空间模型在顶视图的组合方式

(1) 地面模型的尺寸、材质参数及贴图坐标的调整如图 10.11 所示。

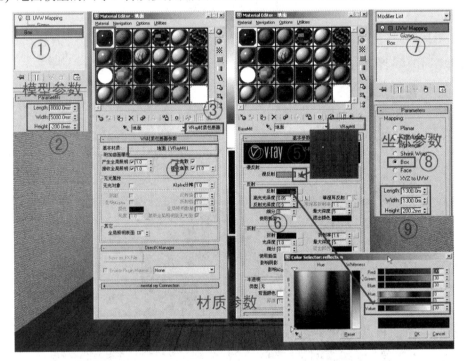

图 10.11 地面的参数

(2) 壁纸墙体模型的尺寸、材质参数及贴图坐标的调整如图 10.12 所示。

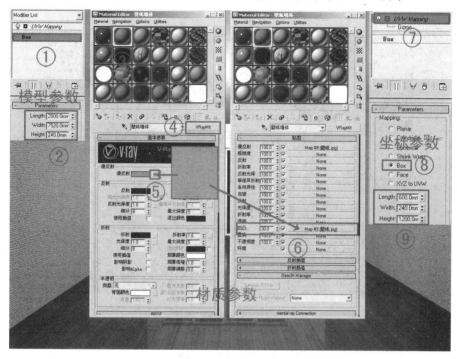

图 10.12　壁纸墙体的参数

(3) 带推拉门墙体模型的尺寸、材质参数及贴图坐标的调整如图 10.13 所示。

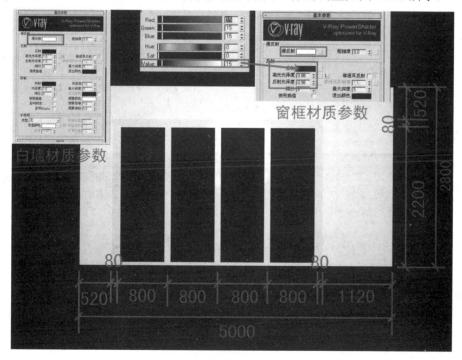

图 10.13　带推拉门墙体的参数

(4) 屋顶模型的尺寸、材质参数及贴图坐标的调整如图 10.14 所示。

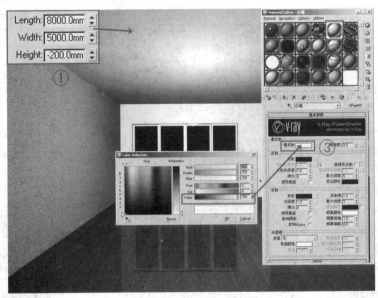

图 10.14　屋顶的参数

10.1.3　创建摄像机

在顶视图中创建一架目标式摄像机，Lens 的数值设置为 24.0；在左视图中将摄像机放置在距离地面 1400 个单位的高度；按 C 键将透视图转换为摄像机视图，如图 10.15 所示。

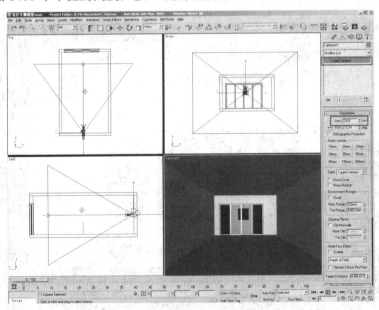

图 10.15　摄像机的位置和参数

10.1.4　创建临时照明灯光

在空间中创建一盏 Omni 灯作临时照明，如图 10.16 所示。

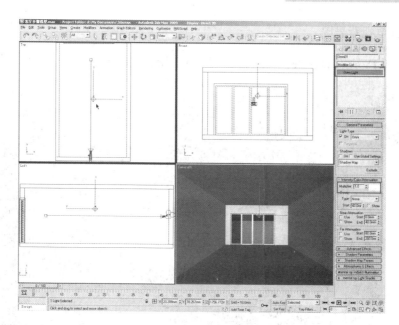

图 10.16　临时照明灯光

10.1.5　制作吊顶

吊顶分成两层，下方的较宽，上方的窄一些，赋予白色墙体的材质。

较宽的一层吊顶的做法：沿着空间立面墙的内轮廓捕捉画出矩形，然后将矩形轮廓 600.0，挤出 50.0，与屋顶的距离是 150.0。

较窄的一层吊顶的做法：沿着宽吊顶的内轮廓捕捉画出矩形，然后将矩形轮廓 150.0，挤出 50.0，放在宽吊顶的上方，如图 10.17 所示。

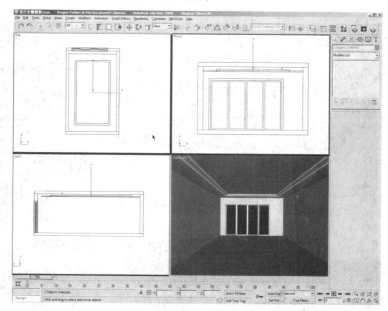

图 10.17　吊顶的位置

10.1.6 制作电视背景墙

依据图 10.18 所示的参数和位置制作电视背景墙。镜面玻璃材质的参数，参考第 5 章。

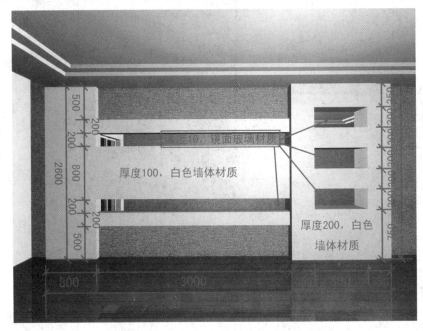

图 10.18 电视背景墙的参数和位置

10.1.7 制作电视台

(1) 依据图 10.19 所示的参数和位置制作电视台模型，距离地面的高度为 300 个单位。

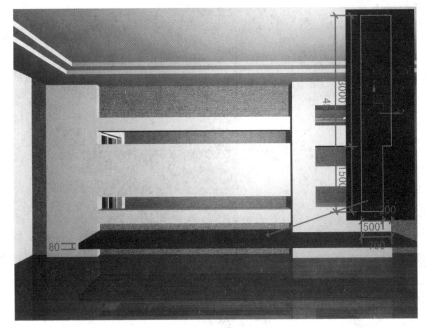

图 10.19 电视台模型的参数和位置

(2) 依据图 10.20 所示的参数调整电视台的木材材质。

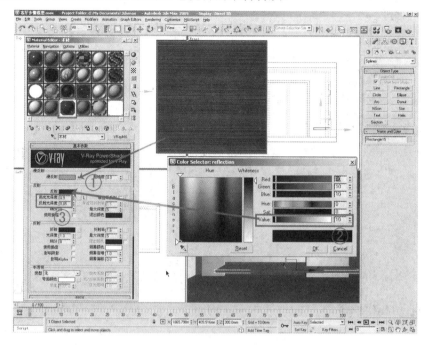

图 10.20　电视台木材材质的参数

10.1.8　制作沙发

(1) 依据图 10.21 所示的参数制作沙发模型。

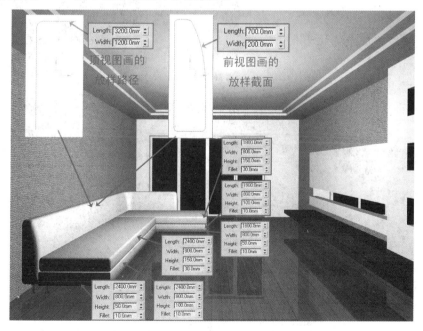

图 10.21　沙发模型的参数

(2) 依据图 10.22 所示的参数调整沙发的材质。

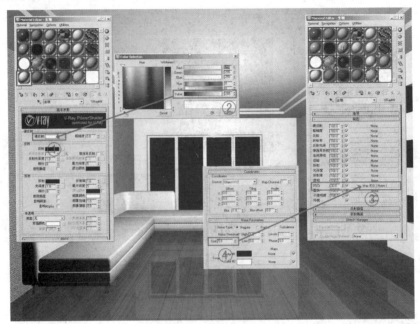

图 10.22　沙发材质的参数

10.1.9　制作茶几

依据图 10.23 所示的参数制作茶几模型。分别赋予前面编辑好的玻璃材质和木材材质。

图 10.23　茶几模型的参数

10.1.10　制作地毯

依据图 10.24 所示的参数创建一个 Box 作为地毯模型，并赋予相应的贴图。

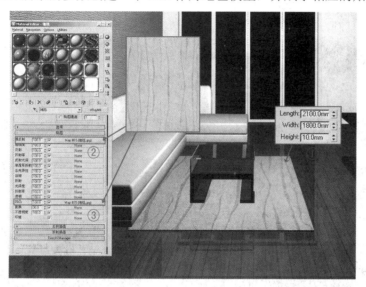

图 10.24　地毯的参数

10.1.11　制作边桌

依据图 10.25 所示的参数制作模型，并赋予前面编辑好的木材材质，沙发的两端各放置一个。

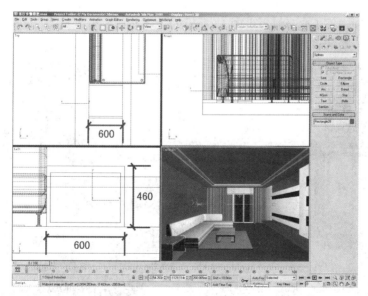

图 10.25　边桌的参数

10.1.12　制作画框

在左视图中绘制 Length 为 800.0、Width 为 600.0 的 Rectangle，轮廓为 50 个单位，挤

出 50 个单位作为画框，赋予前面编辑好的白色墙体材质。

在画框中间创建一个 Length 为 700.0、Width 为 500.0、Height 为 10.0 的 Box 作为画，赋予一张装饰画贴图作为材质。

将画框和画复制，放置在沙发墙的相应位置上，如图 10.26 所示。

图 10.26　画框的位置

10.1.13　制作窗帘

(1) 在顶视图中用 Line 绘制图 10.27 所示的 4 条折线，分别挤出 2600.0，作为窗帘和纱帘的模型。

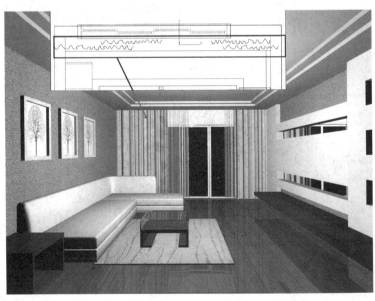

图 10.27　窗帘模型

(2) 赋予窗帘布料材质，如图 10.28 所示。如果渲染时模型上看不见贴图，则给模型施加 UVW Map 修改命令。

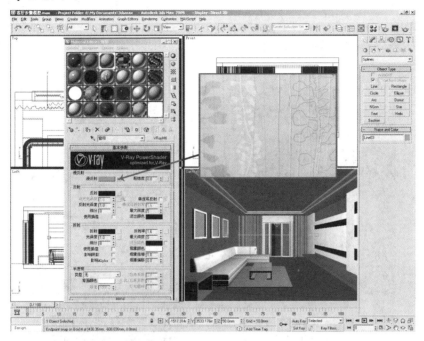

图 10.28　窗帘贴图

(3) 根据图 10.29 所示的参数调整白色纱帘材质。

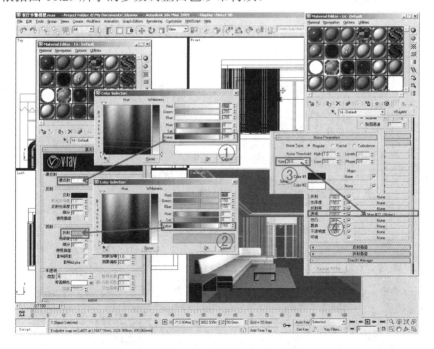

图 10.29　白色纱帘材质的参数

10.1.14　制作筒灯

(1) 在顶视图中绘制一个 Radius 为 50.0 的 Circle，轮廓 10 个单位，挤出 10 个单位，作为筒灯的灯罩。

将灯罩以 Copy 的方式复制，删掉外轮廓线，将内轮廓线挤出 5 单位，作为筒灯的发光片。灯罩和发光片中心对齐。

将筒灯放到吊顶的下方，并按照 1000 个单位的间距进行复制，如图 10.30 所示。

图 10.30　筒灯模型

(2) 调整不锈钢材质赋予灯罩，如图 10.31 所示。

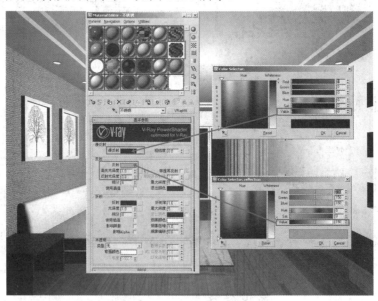

图 10.31　不锈钢材质参数

客厅效果图的制作

(3) 调整自发光材质赋予发光片，如图 10.32 所示。

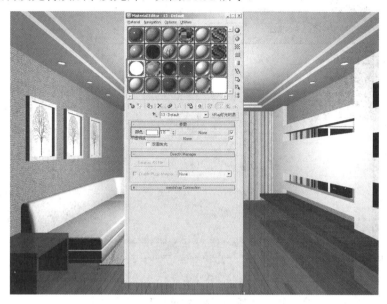

图 10.32　自发光材质参数

10.1.15　合并空调模型

(1) 运行 File→Merge 命令，如图 10.33 所示。

图 10.33　运行合并命令

(2) 在弹出的 Merge File 对话框中选择要合并的模型，然后单击"打开"按钮，如图 10.34 所示。

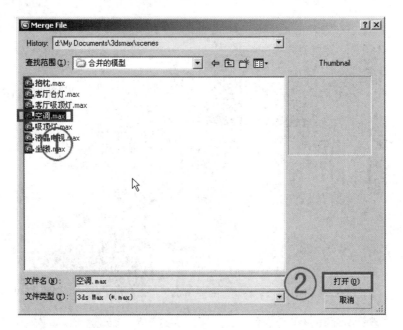

图 10.34　打开模型

(3) 单击"打开"按钮后，在弹出的对话框中单击"All"按钮，选择全部模型，然后单击"OK"按钮，如图 10.35 所示。

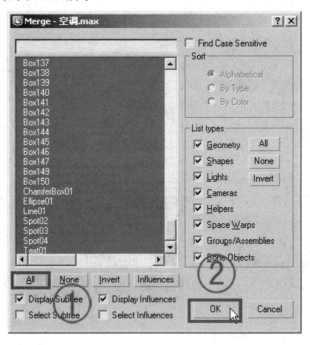

图 10.35　选择组件

(4) 在后续弹出的面板中勾选 Apply to All Duplicates 选项，然后单击"Merge"按钮，如图 10.36 所示。

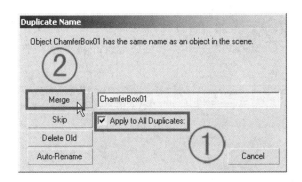

图 10.36　重复的名称面板的设置

（5）再次弹出一个面板，提示有重复的材质名称，勾选 Apply to All Duplicates 复选框，然后单击"Use Merged Material"按钮，如图 10.37 所示。

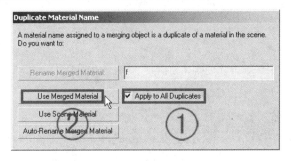

图 10.37　重复的材质名称面板的设置

（6）为了后面操作方便，合并到场景中的模型组件可以先群组，如图 10.38 所示。

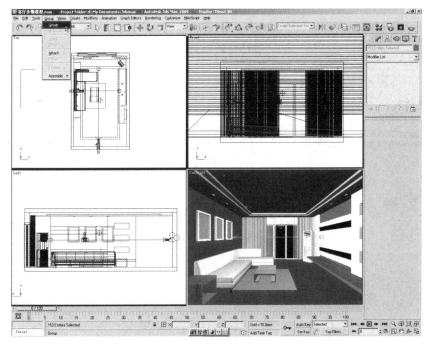

图 10.38　群组合并的模型

(7) 合并进来的模型有些可能带有灯光，也有带着摄像机或者地面背景的，群组后的模型可以运行 Group→Open 命令打开组，然后选择不需要的组件删除即可，如图 10.39 所示。

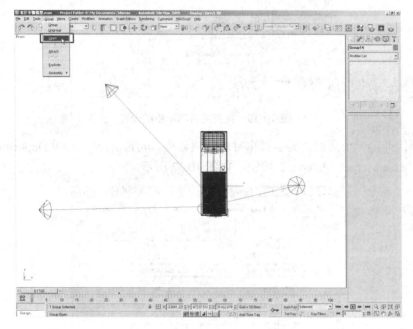

图 10.39　打开组

(8) 删掉不需要的模型之后，在合并的模型中任选一个组件，运行 Group→Close 命令，关闭组，如图 10.40 所示。

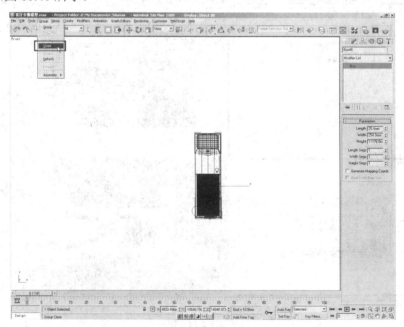

图 10.40　关闭组

(9) 模型的尺寸可能会很大，这就需要用缩放工具将模型等比例缩小，直到合适为止。

常用的方法是在缩放工具上右击，在弹出的窗口中 Offset：Screen 选项下的数值框中输入 100 以下的数值将模型等比例缩小，如图 10.41 所示。

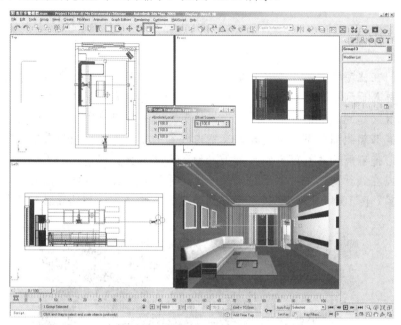

图 10.41 调整模型的大小

(10) 用同样的方法合并其他模型，并赋予相应的材质，如图 10.42 所示。至此，客厅模型制作完毕。

图 10.42 合并其他模型

10.2 设置灯光

引例

灯光照明在住宅中的作用是非常重要的，一个好的布光照明方案是自然光和人工光的有机结合，要善于利用自然光照明，然后用人工光来弥补自然光照明的不足。但是，如果你以为灯光仅仅起到照明的作用，那就大错特错了。好的灯光配置，不仅可以满足照明的需求，它还能够起到划分室内空间和调节室内气氛的重要作用。当夜幕降临的时候，工作了一天的你，拖着疲惫的身躯走在大街上，看到万家灯火亮起时，会不会有一种归心似箭的感觉？抑或在旅行的途中，急于寻找住处时，看到前方住户或旅馆的灯光，心里是否立刻充满了希望？图 10.43 和图 10.44 所示分别为划分室内空间的照明设计和调节室内气氛的照明设计。

图 10.43　划分室内空间的照明设计

图 10.44　调节室内气氛的照明设计

思考： 设置室内灯光应该注意哪些问题？

客厅效果图的制作

任务内容

对渲染器作进一步设置，设置灯光时一定要打开渲染器的间接照明，这也是 V-Ray 渲染器的核心内容。

设置灯光进行室内空间的照明，包括太阳光、灯带、灯带的散射、筒灯和台灯。任务完成后的最终效果，如图 10.45 所示。

图 10.45　客厅灯光效果

 任务实施流程

1. 设置太阳光	2. 设置灯带	3. 设置筒灯
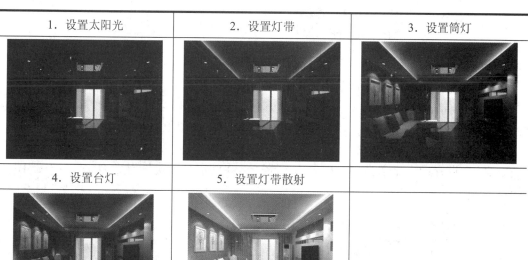		
4. 设置台灯	5. 设置灯带散射	

任务实施具体过程

10.2.1 设置渲染器

(1) 在 Common 选项卡中，锁定图像比例，并设置 Width 为 500、Height 为 375，如图 10.46 所示。

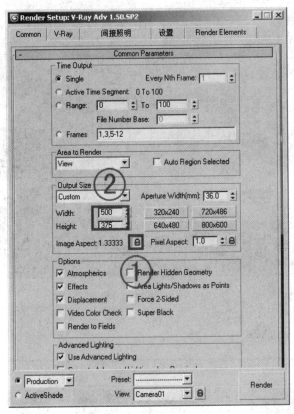

图 10.46　设置渲染分辨率

(2) 在"间接照明"选项卡下，"V-Ray::间接照明"卷展栏中，勾选"开"复选框；设置首次反弹为"发光贴图"，二次反弹为"强力引擎"，如图 10.47 所示。

(3) 在"间接照明"选项卡下，"V-Ray::发光贴图"卷展栏中，设置"当前预置"为"自定义"，设置最小比率为-5，最大比率为-5，并确定"模式"为"单帧"，如图 10.48 所示。

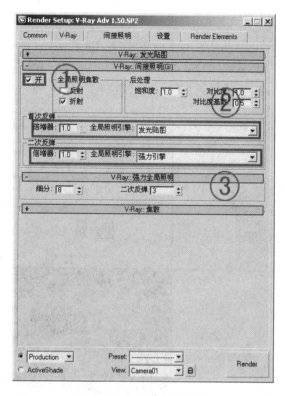

图 10.47   设置间接照明

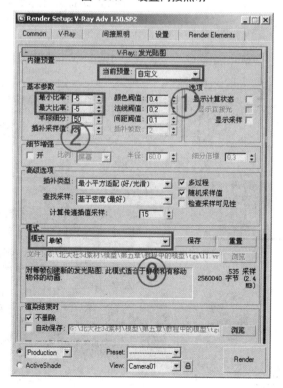

图 10.48   设置发光贴图

10.2.2 设置太阳光

(1) 在顶视图中创建一盏 VR 阳光作为窗口的太阳光照明。释放鼠标后会弹出一个面板，问是否想自动添加 VR 天光环境贴图，单击"否"按钮。选择 VR 阳光的起始点，在前视图中向上移动至图 10.49 所示的位置。在修改面板 VRay 阳光参数卷展栏中设置"强度倍增值"为 0.03。

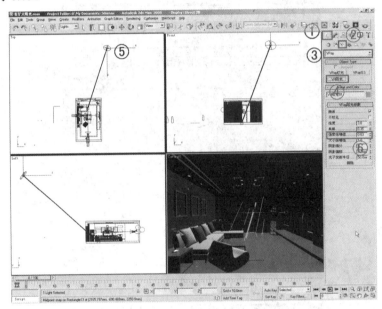

图 10.49 VR 阳光的位置和参数

(2) 运行 Rendering→Environment 命令，设置 Background 的颜色为浅蓝色，参考 RGB 值为 235、245、254，如图 10.50 所示。

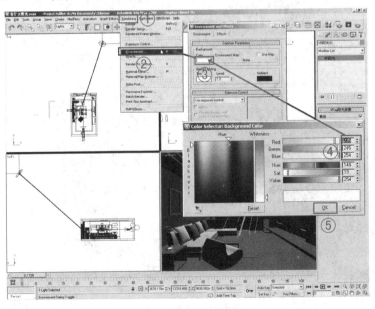

图 10.50 设置背景颜色

(3) 阳光的光照效果如图 10.51 所示。

图 10.51 阳光的光照效果

10.2.3 设置灯带

(1) 在左视图中较窄的吊顶和屋顶之间的空隙里，创建一盏 VR 灯光作为灯带照明。

设置颜色为黄色，参考 RGB 值为 253、242、114；设置倍增器的数值为 2.0；勾选选项中的"不可见"复选框；采样中的细分值为 8。灯光的箭头代表着光照的方向，应该是朝向室内的，左边的灯带箭头朝右，右边的灯带箭头朝左；向吊顶的另一侧关联复制一盏，如图 10.52 所示。

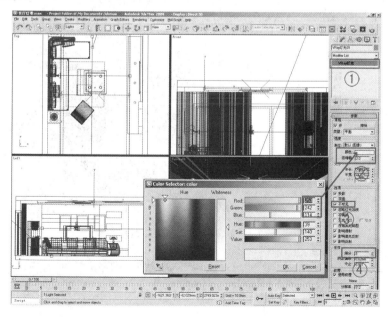

图 10.52 灯带参数

(2) 灯带的光照效果如图 10.53 所示。

图 10.53　灯带光照效果

10.2.4　设置筒灯

(1) 在前视图中筒灯模型的下方创建一盏 Target Light，作为筒灯的灯光。

在顶视图中将 Target Light 移动至一个筒灯模型的中心。选择 Target Light 的起始点，进入修改面板设置灯光的参数：在 General Parameters 卷展栏中勾选 Shadows 下的 On 选项，然后切换阴影的类型为 VRay 阴影贴图。Light Distribution 下的选项选择 Photometric Web。在 Distribution(Photometric Web)卷展栏中单击中间的按钮，为 Target Light 添加光域网文件。在 Intensity/Color/Attenuation 卷展栏中设置 Intensity 下的选项为 cd，并调整亮度值为 800.0。

将 Target Light 以 Instance 的方式复制，每个筒灯模型下放置一盏，如图 10.54 所示。

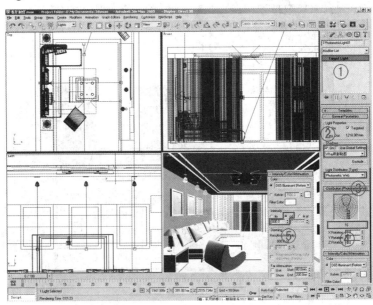

图 10.54　筒灯的参数

(2) 筒灯的灯光效果如图 10.55 所示。

图 10.55　筒灯的灯光效果

10.2.5　设置台灯

(1) 在顶视图中台灯灯罩的位置创建一盏 VR 灯光，作为台灯的灯光。

在参数卷展栏中，设置"常规"中的类型为"球体"；设置强度中的颜色为白色，倍增器的数值为 5.0；设置大小中的半径为 150.0；勾选选项中的"不可见"。

以 Instance 的方式复制到另一盏台灯上，如图 10.56 所示。

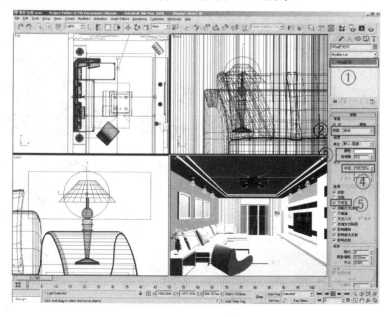

图 10.56　台灯的参数

(2) 台灯的灯光效果如图 10.57 所示。

图 10.57　台灯的灯光效果

10.2.6　设置灯带的散射

(1) 在顶视图中吊顶的中间创建一盏 VR 灯光,作为灯带的散射灯光。

在参数卷展栏中,设置"常规"中的类型为"平面";设置强度中的颜色为白色,倍增器的数值为 1.5;VR 灯光的大小约为吊顶中间露出的房顶的尺寸;在前视图中灯光的箭头向下;勾选选项中的"不可见",如图 10.58 所示。

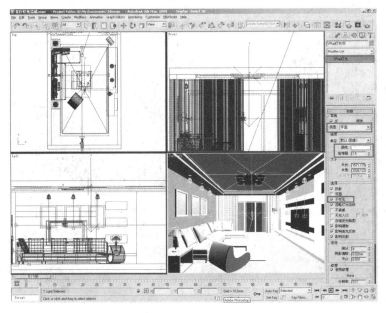

图 10.58　灯带的散射灯光参数

(2) 灯带的散射灯光效果如图 10.59 所示。

图 10.59　灯带的散射光照效果

10.3　渲　　染

引例

迪士尼公司于 2013 年推出的 3D 电影《冰雪奇缘》中有恢弘的场景和壮观的建筑，除了大胆的创意和精巧的制作外，渲染工作格外重要，如图 10.60 所示。正是有了渲染，才使得场景中建筑、人物、景物的肌理、颜色和空间感得以充分表现。那么，在静态的效果图制作中，如何把效果图的色调和材质的美感展现在客户面前呢？这一切自然是由 V-Ray 渲染器来完成，且看渲染器的神奇力量吧。

图 10.60　电影《冰雪奇缘》剧照

思考：为什么要先渲染发光贴图？

任务内容

将 3D 场景渲染为平面图像，为后期处理做准备。任务完成后的最终效果，如图 10.61 所示。

图 10.61　渲染场景

任务实施流程

1. 渲染发光贴图	2. 渲染成图	3. 渲染通道

任务实施具体过程

10.3.1　渲染发光贴图

(1) 在打灯光时所做设置的基础上，V-Ray 渲染器要做进一步设置。

在 Common 选项卡下 Common Parameters 卷展栏中，设置 Width 为 1000、Height 为 750，如图 10.62 所示。

(2) 在 V-Ray 选项卡下"V-Ray::全局开关"卷展栏中勾选"光泽效果"复选框；在"V-Ray::图像采样器"卷展栏中将图像采样器的类型切换为"自适应细分"；勾选"抗锯齿过滤器"中的"开"复选框，并选择 Area 方式，如图 10.63 所示。

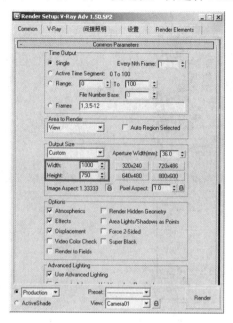

图 10.62　设置发光贴图的分辨率

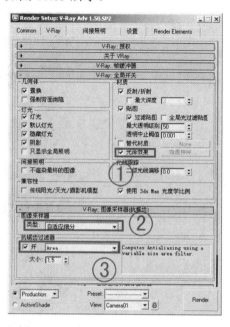

图 10.63　设置全局开关和图像采样器

(3) 在"间接照明"选项卡下"V-Ray::发光贴图"卷展栏中，设置"当前预置"为"中"；模式为"单帧"；勾选"不删除"、"自动保存"和"切换到保存的贴图"复选框；单击自动保存后面的"浏览"按钮，在计算机中保存到合适的位置，如图 10.64 所示。

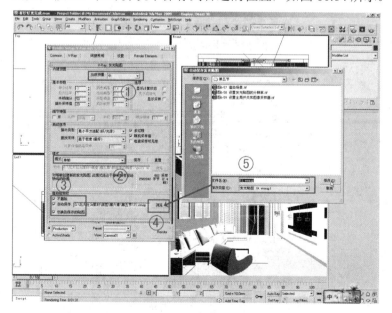

图 10.64　设置发光贴图

(4) 在修改面板中将所有 VRay 灯光的细分值调整为 32。

上述选项设置完成后,单击窗口右下角的"Render"按钮开始渲染发光贴图,如图 10.65 所示。

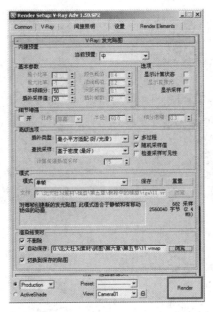

图 10.65　单击 Render 按钮

10.3.2　渲染成图

(1) 发光贴图渲染完成后,在"V-Ray::发光贴图"卷展栏中,模式会切换为"从文件",并且自动读取了渲染完成的发光贴图,如图 10.66 所示。

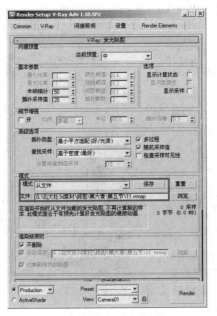

图 10.66　读取发光贴图

（2）在 Common Parameters 卷展栏中，设置 Width 为 3000、Height 为 2250。

在 Common Parameters 卷展栏中单击"File"按钮，设置渲染输出的自动保存，对效果图进行命名，保存类型选择 tga 格式。单击"保存"按钮之后弹出的面板按默认的设置，直接单击"OK"按钮。设置完成之后单击窗口右下角的"Render"按钮开始渲染，如图 10.67 所示。

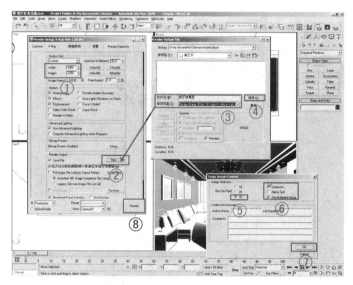

图 10.67　分辨率和自动保存的设置

（3）渲染后的效果如图 10.68 所示。

图 10.68　渲染效果

10.3.3　渲染通道

这是后期处理时用来做选区的辅助文件。

(1) 将场景文件另存一份，以避免以后再进行修改时还要重新调材质。

将所有用过的材质球都调整为单色自发光的材质，高光级别都调整为 0，有反射的将反射关闭，有贴图的把贴图去掉。

区别开每个材质球的颜色，同一种材质的两个物体靠在一起时，也要把颜色区分开。

摄像机的角度、高度不能做任何改变，如图 10.69 所示。

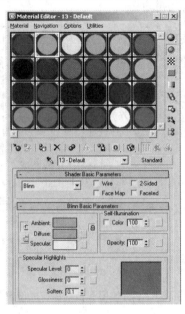

图 10.69　通道文件材质的调整

(2) 保存通道文件，分辨率、文件格式与成图一样，重新命名，以免覆盖前一个文件，如图 10.70 所示。

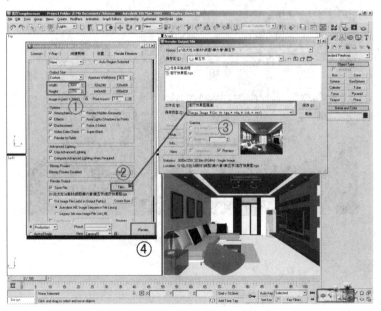

图 10.70　保存通道文件

(3) 通道渲染后的效果如图 10.71 所示。

图 10.71　通道渲染效果

10.4　后　期　处　理

引例

　　有一个神奇的软件叫 Photoshop，在图片修饰方面几乎无所不能，在广告摄影、网页制作、文字特效、图形创意和照片修复等方面广泛应用，当然，效果图的后期处理也离不开它。图 10.72 所示是网络上流传的用 Photoshop 修饰照片的前后对比，由此可以看出它的强大功能。其实只要善于利用 Photoshop 的各项功能，也可以使 3ds Max 渲染出来的效果图有脱胎换骨的变化如图 10.73 所示。

图 10.72　处理照片

图 10.73 处理效果图

思考：在室内效果图的后期处理中最重要的操作是什么？

任务内容

将 3ds Max 渲染出的图像在 Photoshop 中打开，调整空间界面和家具的色调，适当添加配景。任务完成后的最终效果如图 10.74 所示。

图 10.74 后期处理效果

任务实施流程

1．合并文件	2．调整亮度	3．压角

4．添加光晕	5．调整图像对比度	

任务实施具体过程

10.4.1 文件合并

(1) 将渲染的成图和通道同时在 Photoshop 中打开，如图 10.75 所示。

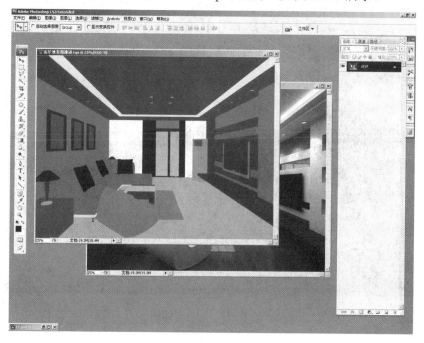

图 10.75 打开文件

(2) 按住 Shift 键，使用工具箱上的移动工具将通道拖动到成图上，如图 10.76 所示。

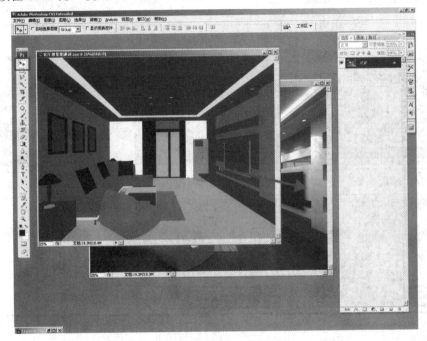

图 10.76　将通道拖动到成图上

(3) 在背景层上双击，将背景层解锁，转换为图层 0，如图 10.77 所示。

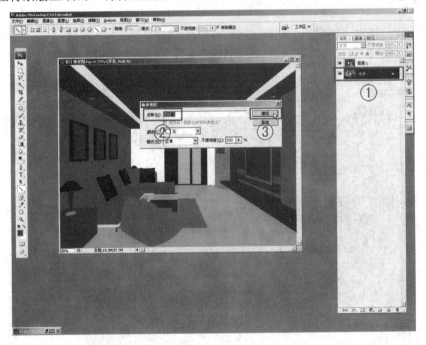

图 10.77　背景层解锁

（4）在"图层"面板上将通道所在的图层 1 移动到效果图所在的图层 0 的下方，如图 10.78 所示。

图 10.78　交换图层位置

10.4.2　调整墙体和家具的亮度

（1）确定当前层为通道所在的图层，在通道上用魔棒工具将屋顶和吊顶选中，如图 10.79 所示。

图 10.79　制作选区

(2) 将当前层切换到效果图所在的图层，按 Ctrl+J 键将选中的部分复制到新图层上，如图 10.80 所示。

图 10.80　复制图层

(3) 按 Ctrl+L 键调出"色阶"命令，调整输入色阶中间的数值为 2.6，如图 10.81 所示。

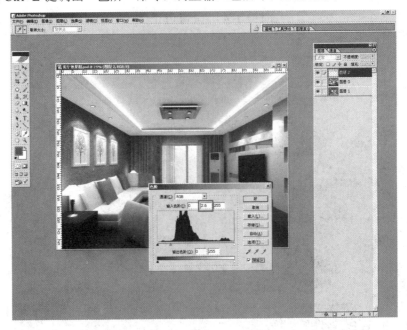

图 10.81　调整屋顶的亮度

提示

"色阶"命令是用来调整图像亮度的，对话框中间部分为柱状图，下方有黑白灰 3 个滑块，拖动灰色滑块向黑色方向移动时，代表着色彩中白色的含量增加，图像会相应的变亮，反之则变暗，是调整亮度时常用的命令。

使用"色阶"命令时，可能每个人渲染出来的图像在亮度上会有差别，即使使用同样的参数打出来的灯光，亮度也会有不同，所以调整时要根据各人的感觉和经验适当地调整参数，自己感觉合适即可。

(4) 用同样的方法依次调整电视背景墙、沙发和窗帘的亮度，如图 10.82 所示。

图 10.82　调整亮度

10.4.3　地面压角，以增强空间感

(1) 将地面复制到新的图层上，如图 10.83 所示。

(2) 按 Q 键进入快速蒙版模式，使用渐变工具，确定渐变色是黑到白的渐变，以线性渐变的方式，在图 10.84 所示序号 5 的位置拖动鼠标。

(3) 释放鼠标后图像的状态如图 10.85 所示。

图 10.83　复制地面

图 10.84　在快速蒙版模式下填充渐变色

图 10.85　填充后的状态

(4) 再次按下 Q 键，图像的下方会变成选区，如图 10.86 所示。

图 10.86　选区

 提示

在快速蒙版模式下，在图像上填充黑到白的渐变色，填充的黑色部分在图像上会显示为红色，白色部分是透明的，中间是渐变的过渡带。再次按 Q 键之后，白色部分会转换为选区，而且这种方法做出来的选区边缘是羽化效果的。在压角时常用这种方法制作选区。

(5) 按 Ctrl+L 键调出"色阶"命令，调整输入色阶中间的数值为 0.6，如图 10.87 所示。

图 10.87　调整色阶

10.4.4　添加光晕素材

(1) 打开素材文件，将其移动复制到筒灯的位置，调整好大小，如图 10.88 所示。

图 10.88　筒灯的光晕

(2) 调整图层融合模式为"滤色"，然后按照近大远小的透视规律在每盏筒灯上放置一个，如图 10.89 所示。

图 10.89　复制光晕

10.4.5　创建柔光图层

创建柔光图层的目的是用来调整画面的对比度。

(1) 在文件的标题栏上右击，在弹出的菜单中选择"复制"命令，会弹出"复制图像"对话框，在该对话框中勾选"仅复制合并的图层"复选框，会复制出一个合层的文件，如图 10.90 所示。

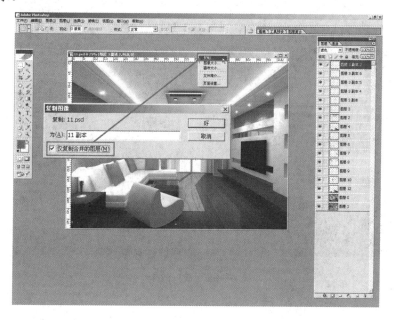

图 10.90　复制文件

(2) 将复制得到的图像移动到正在处理的文件上，并且放置在"图层"面板的最顶层，将图层融合模式改成"柔光"，并调整填充值为 50，如图 10.91 所示。

图 10.91　柔光调整层

10.4.6　制作完成

客厅效果图的最终效果如图 10.92 所示。

图 10.92　最终效果

本 章 小 结

(1) 现代风格的客厅效果图制作是室内设计表现中的典型工作任务，建模方法比较多样，材质、灯光效果比较丰富，非常适合作为室内效果图学习的入门任务。

(2) 要一边建模一边调整材质，并注意材质搭配的整体效果。

(3) 模型之间的位置关系要交代清楚，模型之间是边缘对齐还是中心对齐要做到心中有数，避免模型交叉或不到位。

(4) 布光的时候按照先自然光后人工光的顺序设置。

(5) 每一步渲染的参数设置要准确，避免反复设置造成效率低下。

(6) 要具备一定的美学、色彩、构图的知识，能够把握整体效果，使效果图有一定的艺术感。

课 后 习 题

1. 请总结室内效果图的制作流程。

2. 请思考室内布置灯光时的注意事项有哪些。

3. 依据提供的参数和效果制作图 10.93 所示的卧室效果图。卧室部分主要模型参数如图 10.94 所示，部分参数如图 10.95 所示，卧室灯光布局如图 10.96 所示。

图 10.93　拓展训练模型——卧室效果图

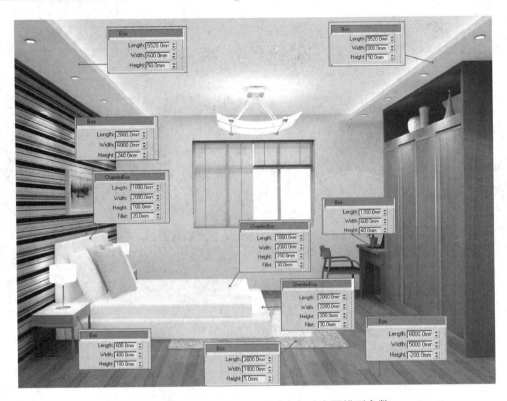

图 10.94　拓展训练模型——卧室部分主要模型参数

图 10.95　拓展训练模型——卧室部分参数

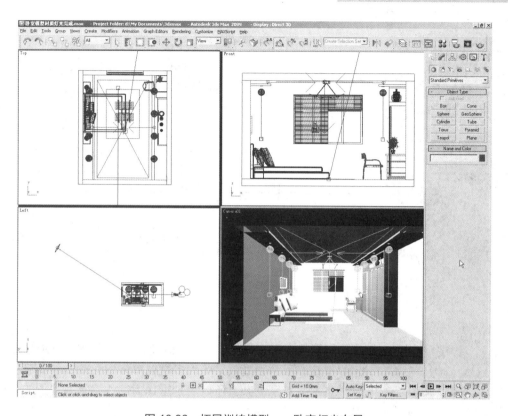

图 10.96　拓展训练模型——卧室灯光布局

第 **11** 章

别墅效果图的制作

项目概述

别墅是一种多风格、形态各异而又往往与优美环境结合在一起的建筑。因为别墅效果图大多是以单体的形式出现，制作方法多样又不是特别复杂，所以用别墅作为制作建筑效果图的入门练习，可以在学习的过程中快速掌握建筑效果图的制作流程，为以后完成大场景制作打下基础。

任务目标

任务目标	学习心得	权重
掌握建筑效果图的建模流程和材质参数		30%
掌握目标式摄像机的创建方法，并能够用固定框进行构图		5%
能够设置渲染器在建筑效果图制作流程中各个阶段所用的参数		10%
掌握建筑效果图主光源和辅助光源的灯光类型和参数设置		20%
能够按照正确的顺序渲染出图		5%
掌握使用 Photoshop 制作建筑效果图后期的流程，对效果图的整体风格和色调有一定的掌控能力		20%
培养组织、分析和管理能力，要有清晰的作图思路和良好的作图习惯，创建出最优化的模型，并养成随时存盘的习惯		10%

引例

　　别墅这种建筑形式在历史上出现得很早，像古代帝王的行宫、将相的府邸，甚至富商巨贾地主乡绅的独立住宅都可以看作是别墅的某种形式。现代意义上的别墅主要是工业革命后发展起来的建筑理念，因景、因地制宜，布局灵活，结构简洁。比较有特色的现代别墅如赖特设计的流水别墅，整栋建筑犹如一尊雕塑作品，由巨大的体块进行组合，一层平台向左右延伸，二层平台向前方挑出，片石墙穿插在平台之间，溪水由平台下怡然流出，建筑与溪水、山石、树木自然地结合在一起，是建筑与自然环境完美结合的典范。从另一种意义上讲。别墅代表着生活的品质与追求，是一种带有诗意的住宅，又有谁没有一种拥有一栋别墅的梦想呢？图 11.1 所示为赖特设计的流水别墅。

图 11.1　赖特设计的流水别墅

　　思考： 建筑效果图建模的主要方法。

11.1　创建模型与调整材质

任务内容

　　建筑效果图的模型大多用二维建模的方法完成，尤其是墙体部分，因而对 Edit Spline 命令的熟练使用在建模过程中显得特别重要。任务完成后的最终效果如图 11.2 所示。

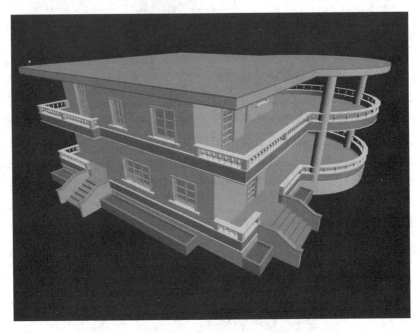

图 11.2　别墅模型与材质效果

 任务实施流程

1. 制作墙体 1	2. 制作墙体 2	3. 制作墙体 3
4. 制作墙体 4	5. 制作墙体 5	6. 制作墙体 6
7. 制作墙体 7	8. 制作墙体 8	9. 制作墙体 9

续表

10．制作墙体 10	11．制作辅助墙体	12．制作地台、楼板、屋顶
13．制作台阶	14．制作护栏	15．制作花池和柱子

 任务实施具体过程

11.1.1　制作墙体 1

墙体 1 包括：墙体、窗台板、窗框和玻璃 4 个模型，如图 11.3 所示。

图 11.3　墙体 1 整体效果

（1）根据图 11.4 所示的参数制作墙体 1，墙体挤出的厚度为 240.0，后面的墙体也一律按照 240 的厚度来做。

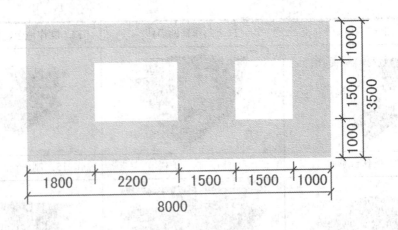

图 11.4　墙体 1 的参数

(2) 编辑墙体材质并赋予模型。

在 Shader Basic Parameters 卷展栏下选择 Blinn 明暗器；Diffuse 的 Value 值调整为 250；Bump 贴图通道加 Noise，Size 调整为 30，效果如图 11.5 所示。

图 11.5　墙体 1 的材质效果

(3) 创建两个 Box 作为窗台板，在前视图中与窗洞中心对齐，窗台板的下边缘与窗洞的下边缘对齐。在顶视图中与墙体上边缘对齐。具体位置和参数如图 11.6 所示。

窗台板比窗洞宽 400 个单位，后面的也一律按照这种尺寸来做；编辑白色材质赋予窗台板：在 Shader Basic Parameters 卷展栏下选择 Blinn 明暗器；Diffuse 的 Value 值调整为 250。

(4) 在窗洞中，窗台板的上方制作窗套，线型 Outline 的数值为 80.0，Extrude 的数值为 280.0，在顶视图中与墙体上边缘对齐。图中所有的窗套都按照这个参数作。赋予窗套白色材质，效果如图 11.7 所示。

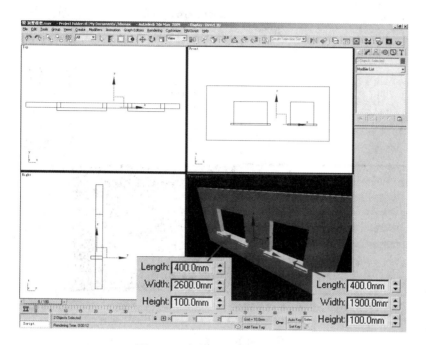

图 11.6　窗台板的参数和位置

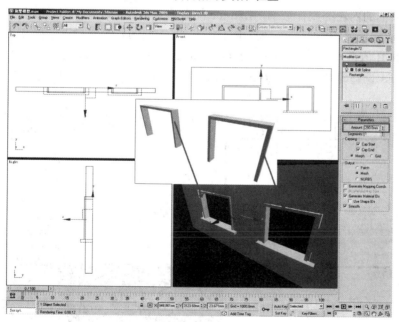

图 11.7　制作窗套

（5）沿窗套的内轮廓制作窗框，线型 Outline 的数值为 50.0，Extrude 的数值为 50.0，并且用 Edit Mesh 命令在 Face 选项下复制窗框的横档和竖档。窗框对齐到墙体的中心。

编辑窗框材质赋予模型：在 Shader Basic Parameters 卷展栏下选择 Blinn 明暗器；Diffuse 的 Value 值调整为 250；Specular Level 调整为 20 左右，Glossiness 调整为 15 左右；Reflection 贴图通道加 Raytrace，强度为 5 左右。效果如图 11.8 所示。

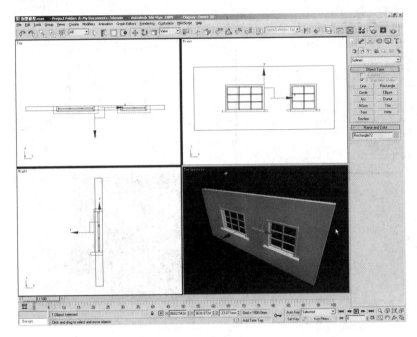

图 11.8 制作窗框

(6) 沿窗框的内轮廓制作玻璃，Extrude 的数值为 10.0，玻璃对齐到窗框的中心。

编辑玻璃材质赋予模型：在 Shader Basic Parameters 卷展栏下选择 Blinn 明暗器；Diffuse 的 RGB 值调整为 208、224、214；Opacity 调整为 45；Specular Level 调整为 90 左右，Glossiness 调整为 70 左右；Reflection 贴图通道加 Raytrace，强度为 15 左右。效果如图 11.9 所示。

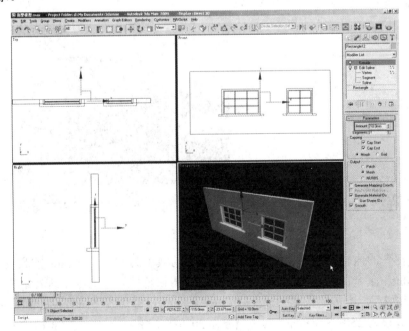

图 11.9 制作玻璃

11.1.2　制作墙体 2

　　(1) 根据图 11.10 所示的参数制作墙体 2，墙体挤出的厚度为 240.0，赋予前面编辑好的墙体材质。

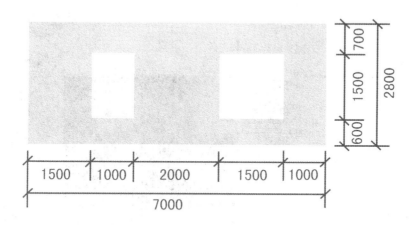

图 11.10　墙体 2 的参数

　　(2) 依次制作出墙体 2 的窗台板、窗框和玻璃，并分别赋予材质。墙体 2 的位置如图 11.11 所示。

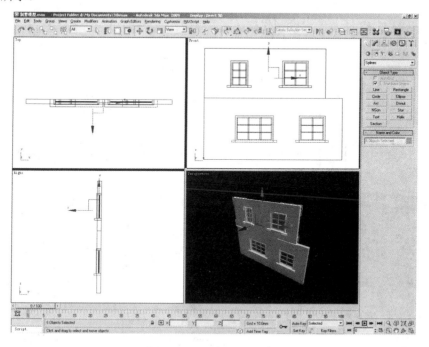

图 11.11　墙体 2 的位置

11.1.3　制作墙体 3

　　创建一个如图 11.12 所示位置和尺寸的 Box 作为墙体 3。

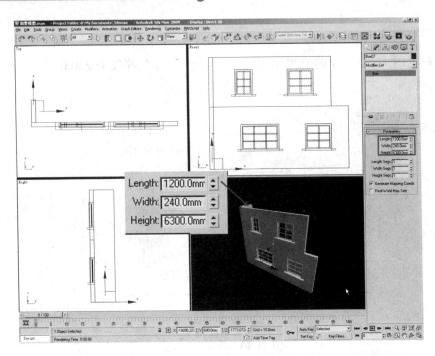

图 11.12　墙体 3 的位置和参数

11.1.4　制作墙体 4

(1) 根据图 11.13 所示的参数制作墙体 4。

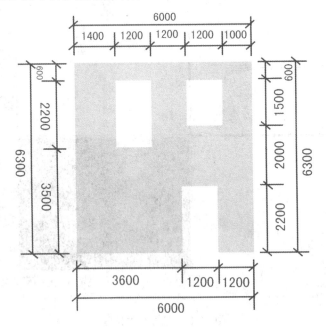

图 11.13　墙体 4 的参数

(2) 依次制作窗台板、窗套、窗框、门套、门框和玻璃，效果如图 11.14 所示。

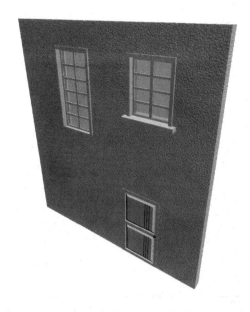

图 11.14　墙体 4 的透视效果

(3) 墙体 4 的位置如图 11.15 所示。

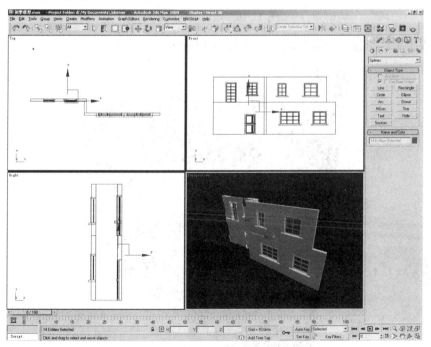

图 11.15　墙体 4 的位置

11.1.5　制作墙体 5

(1) 根据图 11.16 所示的参数制作墙体 5。

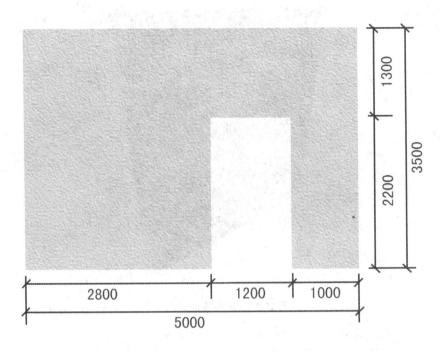

图 11.16　墙体 5 的参数

(2) 依次制作门套、门框和玻璃，如图 11.17 所示。

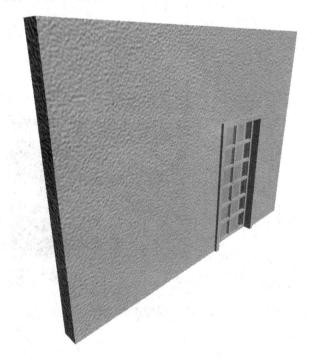

图 11.17　墙体 5 的透视效果

(3) 墙体 5 的位置如图 11.18 所示。

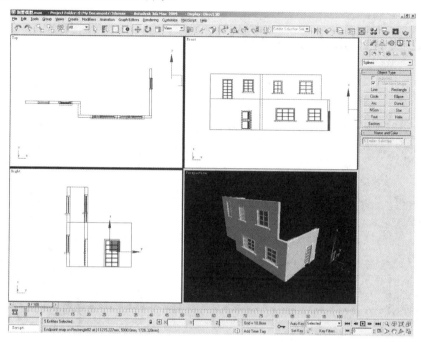

图 11.18　墙体 5 的位置

11.1.6　制作墙体 6

创建一个如图 11.19 所示位置和尺寸的 Box 作为墙体 6。

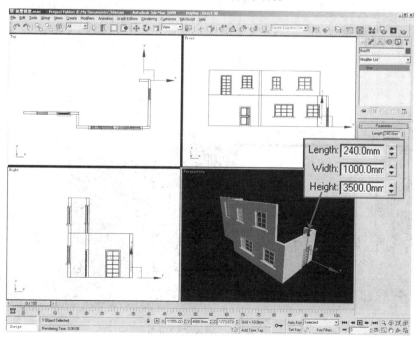

图 11.19　墙体 6 的参数和位置

11.1.7 制作墙体 7

(1) 根据图 11.20 所示的参数制作墙体 7。

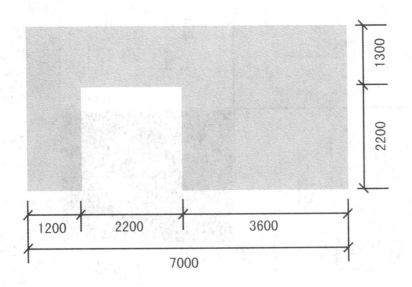

图 11.20 墙体 7 的参数

(2) 做好墙体 7 的门套、门框和玻璃，然后调整墙体 7 的位置如图 11.21 所示。

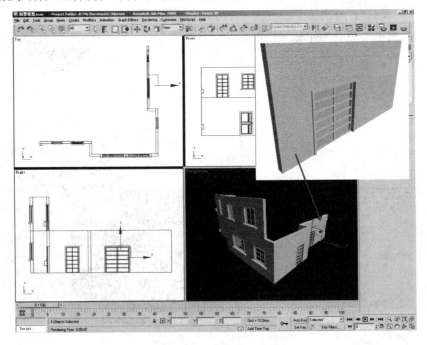

图 11.21 墙体 7 的位置

11.1.8 制作墙体 8

(1) 根据图 11.22 所示的参数制作墙体 8。

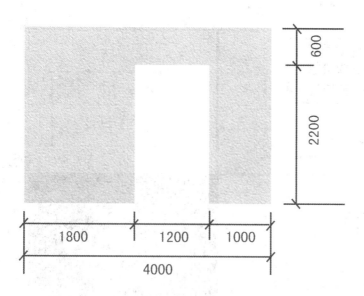

图 11.22 墙体 8 的参数

(2) 做好墙体 8 的门套、门框和玻璃，然后调整墙体 8 的位置如图 11.23 所示。

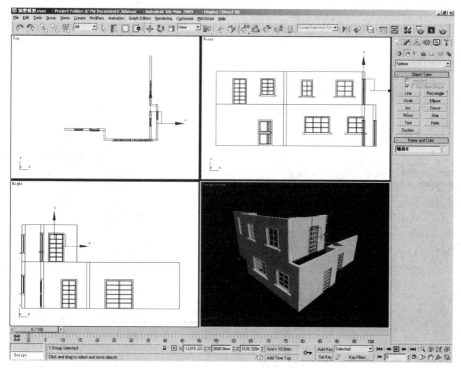

图 11.23 墙体 8 的位置

11.1.9　制作墙体 9

创建一个如图 11.24 所示位置和尺寸的 Box 作为墙体 9。

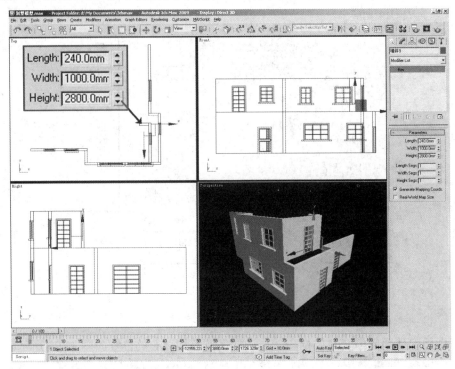

图 11.24　墙体 9 的参数和位置

11.1.10　制作墙体 10

(1) 根据图 11.25 所示的参数制作墙体 10。

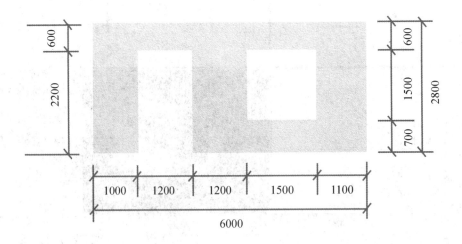

图 11.25　墙体 10 的参数

(2) 做好墙体 10 的门窗套、门窗框和玻璃，然后调整墙体 10 的位置如图 11.26 所示。

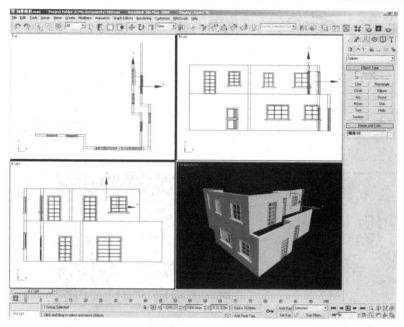

图 11.26　墙体 10 的位置

11.1.11　制作辅助墙体

(1) 处于后方的墙体由于在摄像机中看不见，在本书中就不详细制作了，为防止漏光和门窗玻璃透视黑色背景，用 Box 来代替后方的墙体。4 个 Box 的尺寸如图 11.27 所示。

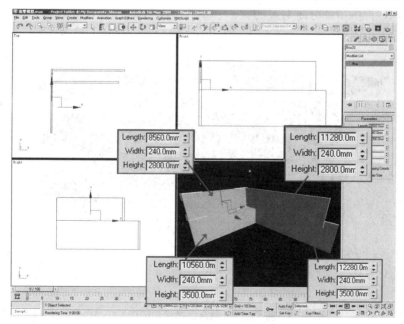

图 11.27　辅助墙体的参数

(2) 辅助墙体的组合方式如图 11.28 所示。

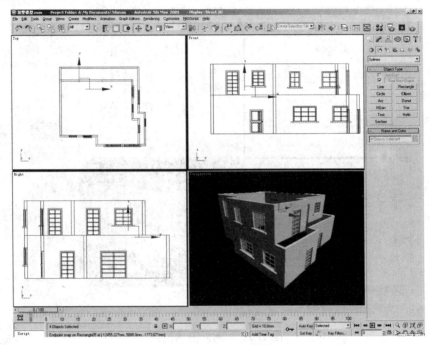

图 11.28 辅助墙体的组合方式

11.1.12 制作地台、楼板和房顶

这 3 种模型形状类似，所以放到一起来制作，效果如图 11.29 所示。注意 3 组物体尺寸不完全相同，但圆形部分是对齐的。

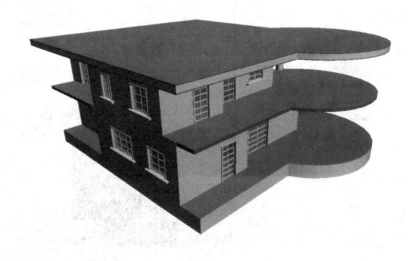

图 11.29 地台、楼板和屋顶

（1）根据图 11.30 所示的参数编辑地台的线型，挤出 900.0，对齐到墙体 1 的下方，赋予墙体材质。

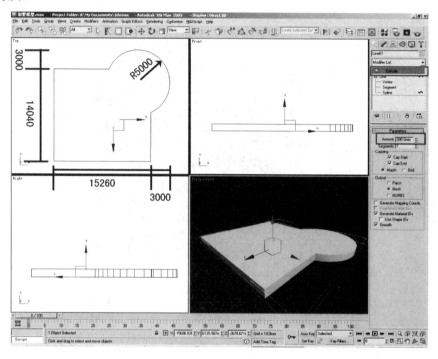

图 11.30　地台模型

（2）根据图 11.31 所示的参数编辑楼板的线型，挤出 200.0，对齐到墙体 8 的下方。

赋予灰色材质：在 Shader Basic Parameters 卷展栏下选择 Blinn 明暗器，Diffuse 的 Value 值调整为 150。

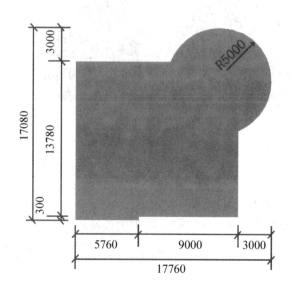

图 11.31　楼板的参数

(3) 根据图 11.32 所示的参数编辑屋顶的线型，分别挤出厚度为 50、300、50 的模型，两个厚度为 50 的赋予灰色材质，厚度为 300 的赋予墙体材质。3 个模型的位置关系如图 11.33 所示。

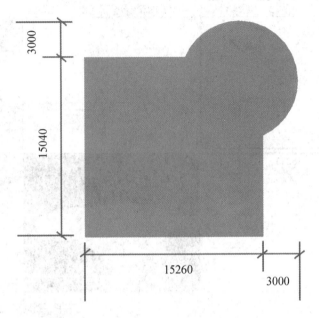

图 11.32　屋顶的参数

图 11.33　屋顶模型的位置关系

11.1.13　制作台阶

台阶的整体效果及位置如图 11.34 所示。

(1) 根据图 11.35 所示的参数制作台阶，赋予灰色材质。

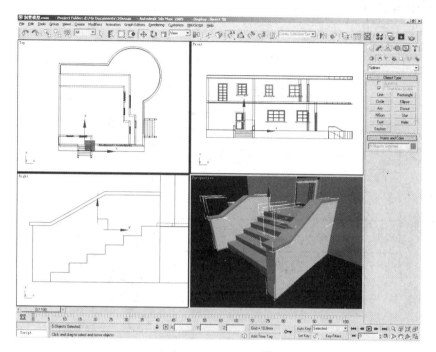

图 11.34　台阶的位置

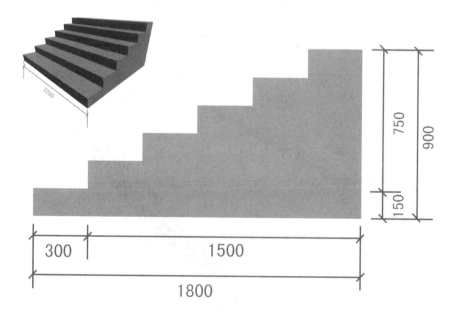

图 11.35　台阶的参数

(2) 根据图 11.36 所示的参数制作护栏，赋予墙体材质。

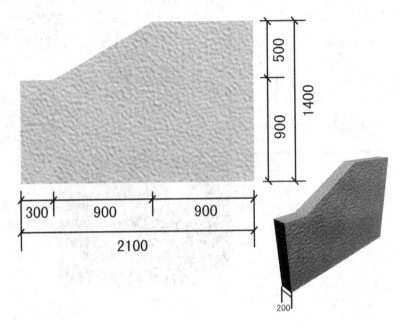

图 11.36　护栏的参数

(3) 根据图 11.37 所示的参数制作沿口，赋予灰色材质。

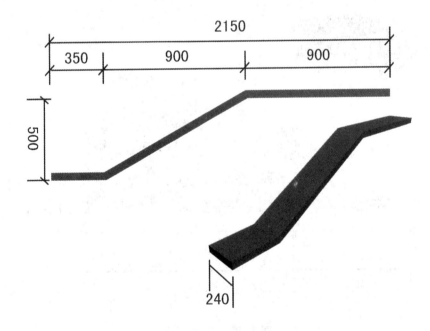

图 11.37　沿口的参数

(4) 3 个模型的组合效果如图 11.38 所示。

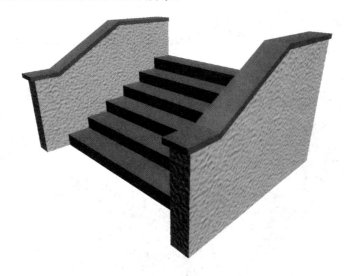

图 11.38　模型的组合方式

(5) 用相同的方法制作另一组台阶，如图 11.39 所示。

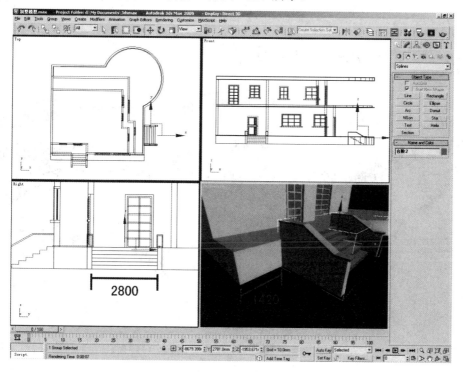

图 11.39　另一组台阶的位置和部分参数

11.1.14　制作护栏

整体效果及位置如图 11.40 所示。

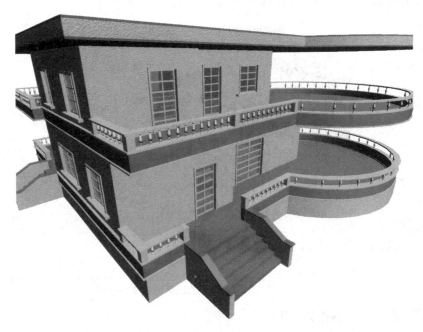

图 11.40　护栏整体效果及位置

(1) 护栏的全部组件如图 11.41 所示。

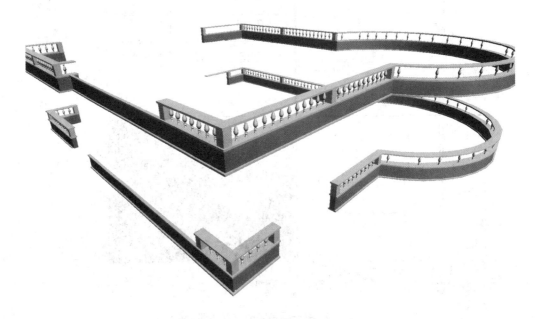

图 11.41　护栏的全部组件

(2) 局部护栏的特写如图 11.42 所示。

(3) 护栏的参数和组合方式如图 11.43 所示。

(4) 护栏的间距如图 11.44 所示。

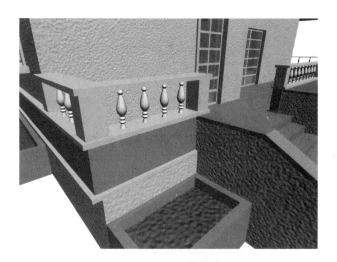

图 11.42　局部护栏的特写

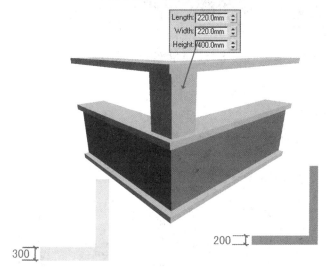

图 11.43　护栏的参数和组合方式

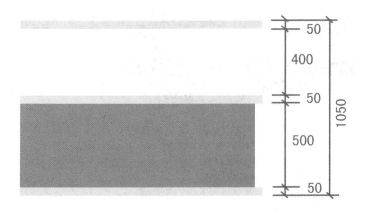

图 11.44　护栏的间距

(5) 栏杆的造型和车削所用的线型如图 11.45 所示。

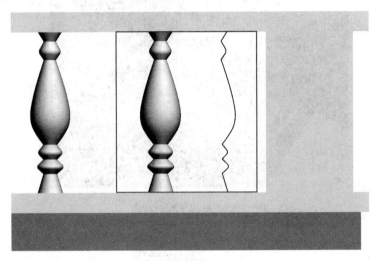

图 11.45　栏杆的造型和车削所用的线型

11.1.15　制作花池和柱子

(1) 根据图 11.46 所示的参数制作花池。

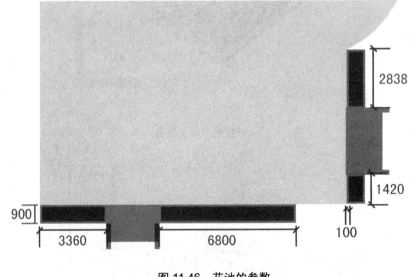

图 11.46　花池的参数

(2) 花池的透视效果和高度如图 11.47 所示。

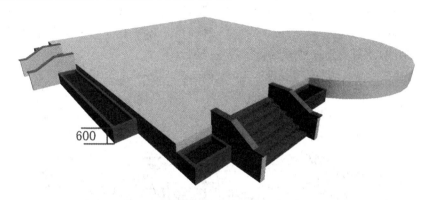

图 11.47　花池的透视效果和高度

(3) 根据图 11.48 所示的参数和位置制作柱子。至此，别墅模型创建完成。

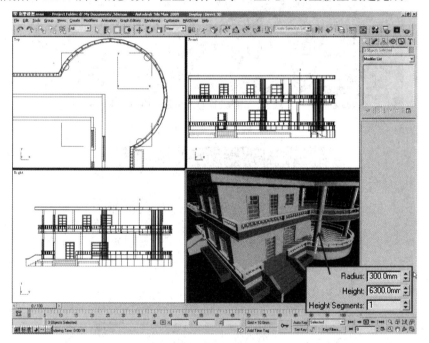

图 11.48　柱子的参数

11.2　设置摄像机

引例

大家对摄像机的印象可能是摄影工作人员扛在肩头上或安装在三脚架上的大型机器，属于专业设备，一般用于演播室或位置相对固定的场所。也可能是便携式摄像机，属于家用设备。但无论是哪种摄像机，它的主要用途是拍摄各种视频。制作效果图时用的虚拟摄像机和现实中的摄像机有所不同，它是用来抓取场景中一个固定的角度，以便在渲染时得到一幅静态的画面，有平视、俯视、仰视 3 种角度，而平视是最常见的。如图 11.49 和图 11.50 所示分别为俯视角度和仰视角度的效果图。

图 11.49　俯视角度效果图

图 11.50　仰视角度效果图

思考：平视的建筑效果图中摄像机的高度应该是多少？

 任务内容

为别墅创建一架目标式摄像机，用来为渲染的效果图进行构图。任务完成后的最终效果如图 11.51 所示。

图 11.51　摄像机的构图角度

 任务实施流程

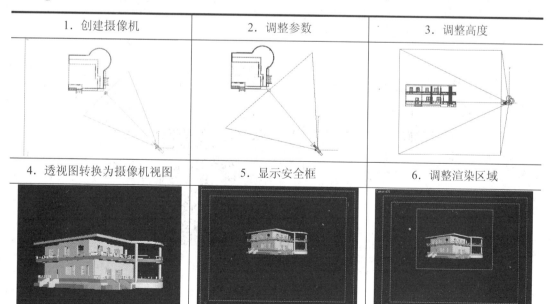

1．创建摄像机	2．调整参数	3．调整高度
4．透视图转换为摄像机视图	5．显示安全框	6．调整渲染区域

任务实施具体过程

(1) 在顶视图中创建一架目标式摄像机，如图 11.52 所示。

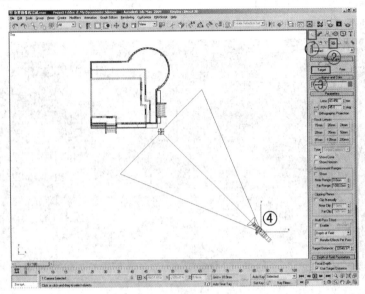

图 11.52　创建摄像机

(2) 设置摄像机的参数和高度，如图 11.53 所示。

选择摄像机的起始点，进入修改面板，将摄像机的 Lens 值调整为 24；在前视图中选择整个摄像机，将摄像机放到离地面 1600 个单位的高度；激活透视图，按 C 键将透视图转换为摄像机视图；在摄像机视图名称上右击，在弹出的右键菜单中选择 Show Safe Frame 命令，显示摄像机的安全框。

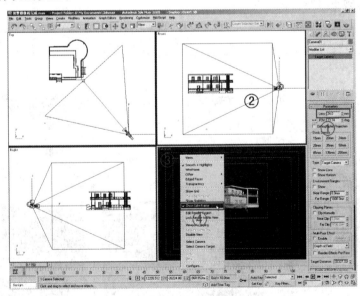

图 11.53　设置摄像机的参数和高度

（3）设置摄像机的渲染区域。在摄像机视图名称上右击，在弹出的右键菜单中选择 Edit Render Region 命令，在摄像机视图中会出现一个调整框，将调整框调整至如图 11.54 所示的大小和位置。

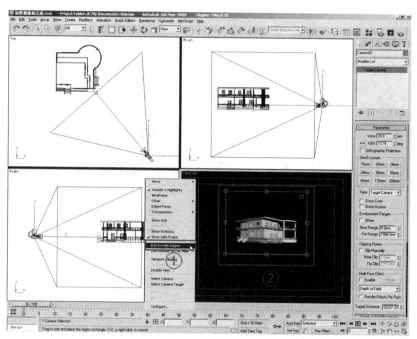

图 11.54　设置摄像机的渲染区域

11.3　设置灯光与渲染

 引例

俗话说：万物生长靠太阳。太阳光是最重要的自然光源，有了阳光才有了世界的姹紫嫣红，使万物生生不息，使大地富有生气。

雨过天晴之时，一抹阳光透过云层洒在带有水珠的草地上，草地顿时就熠熠生辉起来。

冬日的下午，暖暖的阳光照在身上，端一杯清茶，读一本好书是何等的惬意！

这一切都来源于阳光的赐予。

阳光效果在建筑效果图中的作用也是非常重要的，是主要的照明光源，可以在建筑上形成丰富的光影效果，增加建筑的艺术感。阳光效果设置好了，把场景渲染为有感染力的图像也就水到渠成了。图 11.55 所示为建筑的光影效果。

图 11.55　建筑的光影效果

思考： 太阳光照的效果用哪一种灯光类型来模拟比较合适？

 **任务内容**

为别墅设置灯光进行照明，并渲染为平面图像，任务完成后的最终效果如图 11.56 所示。

图 11.56　灯光的效果

任务实施流程

1．切换渲染器	2．锁定图像比例	3．设置渲染器初始参数
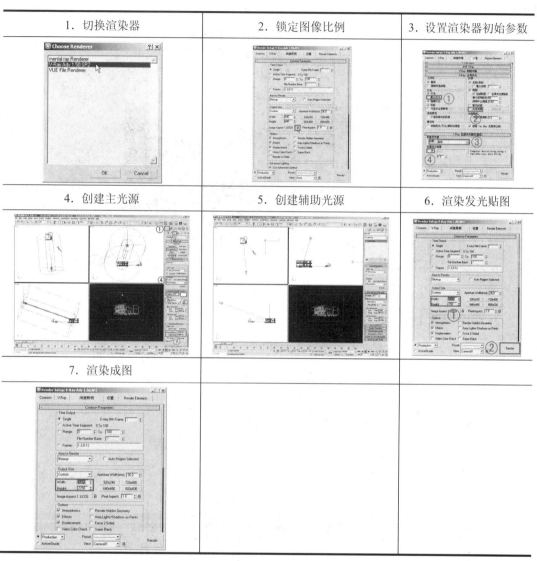		
4．创建主光源	5．创建辅助光源	6．渲染发光贴图
7．渲染成图		

 任务实施具体过程

11.3.1　切换渲染器并设置参数

（1）打开渲染设置窗口，在 Common 选项卡中展开 Asign Renderer 卷展栏，单击 Production 选项后面的 Choose Renderer 按钮，在弹出的对话框中选择 V-Ray 渲染器，如图 11.57 所示。

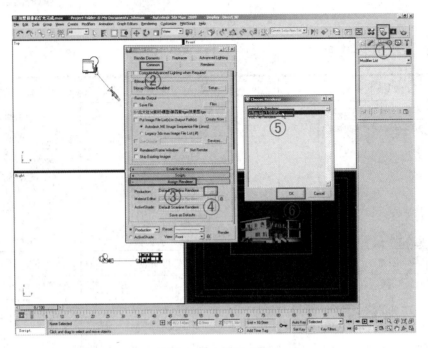

图 11.57　切换渲染器

(2) 锁定图像比例，如图 11.58 所示。

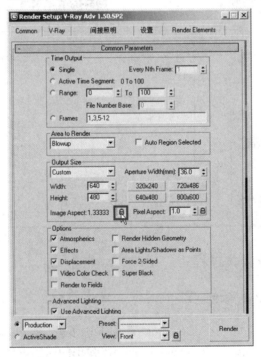

图 11.58　锁定图像比例

(3) 对 V-Ray 渲染器进行初始设置。

① 在 V-Ray 选项卡下 "V-Ray::全局开关" 卷展栏中去掉 "默认灯光" 和 "光泽效果"

复选框的勾选，在"V-Ray::图像采样器"卷展栏中将图像采样器的类型切换为"固定"，并去掉"抗锯齿过滤器"中"开"的勾选，如图 11.59 所示。

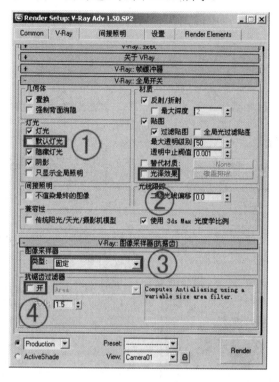

图 11.59　初始设置 1

② 在"间接照明"选项卡下"V-Ray::间接照明"卷展栏中，勾选"开"复选框；设置首次反弹为"发光贴图"，二次反弹为"强力引擎"，如图 11.60 所示。

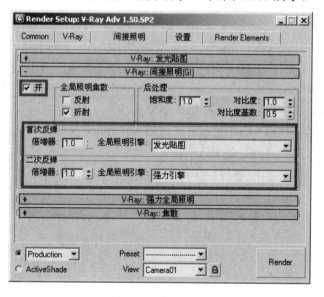

图 11.60　初始设置 2

③ 在"间接照明"选项卡下"V-Ray::发光贴图"卷展栏中，设置"当前预置"为"自定义"，设置最小比率为-5，最大比率为-5，并确定"模式"为"单帧"，如图 11.61 所示。

④ 在"设置"选项卡下"V-Ray::系统"卷展栏中，设置区域排序为上→下，去掉"显示窗口"复选框的勾选，如图 11.62 所示。

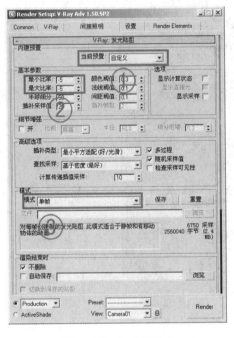

图 11.61　初始设置 3

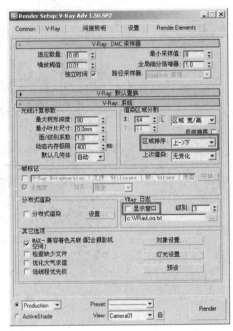

图 11.62　初始设置 4

11.3.2　创建主光

在顶视图中创建一盏 Target Directional Light 作为太阳光，这也是场景中的主光源。

选中灯光的起始点，进入修改面板，在 General Parameters 卷展栏中勾选 Shadows 下面的"On"复选框，并将阴影类型切换为 VrayShadow。

在 Intensity/Color/Attenuation 卷展栏中设置 Multiplier 为 0.6，设置灯光的颜色为浅桔黄色，参考 RGB 值为 255、239、195。

在 Directional Parameters 卷展栏中设置 Hotspot/Beam 为 10000，设置 Falloff/Field 为 30000。

灯光在各个视图中的位置如图 11.63 所示。

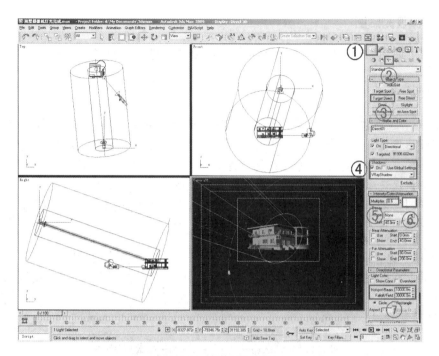

图 11.63　主光源的设置

11.3.3　创建辅光

在图 11.64 所示的位置创建一盏 Omni 作为辅助光源。在 Intensity/Color/Attenuation 卷展栏中设置 Multiplier 为 0.1，设置灯光的颜色为浅蓝色，参考 RGB 值为 213、238、255。

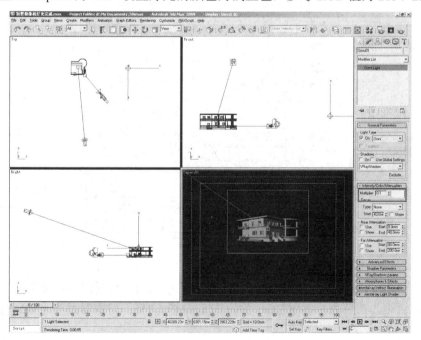

图 11.64　辅助光源的位置和参数

11.3.4 渲染发光贴图

在打灯光时所做设置的基础上，V-Ray 渲染器要做进一步设置。

提示

发光贴图是 V-Ray 进行间接照明计算最重要的一个渲染引擎，其在投放采样时采用了自适应细分的方式，对采样进行了最大程度的优化。为了确保优化后的图面质量，发光贴图还提供一些采样增强手段，可对颜色、边缘和相邻的面进行增强采样，从而既能加快计算速度，又能保证渲染质量。因此在渲染时，通常先渲染发光贴图。

发光贴图渲染引擎将间接照明计算的结果单独保存为光子图，而且光子图可以重复使用，从而能够避免不必要的重复计算，提高工作效率。

(1) 在 V-Ray 选项卡下"V-Ray::全局开关"卷展栏中勾选"光泽效果"复选框；在"V-Ray::图像采样器"卷展栏中将图像采样器的类型切换为"自适应细分"；勾选"抗锯齿过滤器"中的"开"复选框，并选择 Area 的方式，如图 11.65 所示。

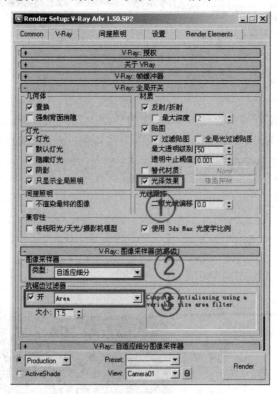

图 11.65　渲染发光贴图的设置 1

(2) 在 V-Ray 选项卡下"V-Ray::环境"卷展栏中勾选"全局照明环境覆盖"的"开"选项；颜色调整为浅蓝色，参考 RGB 值为 225、240、255；倍增器调整为 0.5，如图 11.66 所示。

图 11.66　渲染发光贴图的设置 2

提示

　　该选项勾选"开"之后，可以允许指定天空光的颜色和强度，从而模拟天空光的照明。

　　(3) 在"间接照明"选项卡下"V-Ray::发光贴图"卷展栏中，设置当前预置为"中"；模式为"单帧"；勾选"不删除"、"自动保存"和"切换到保存的贴图"复选框；单击自动保存后面的"浏览"按钮，在电脑中保存到合适的位置，如图 11.67 所示。

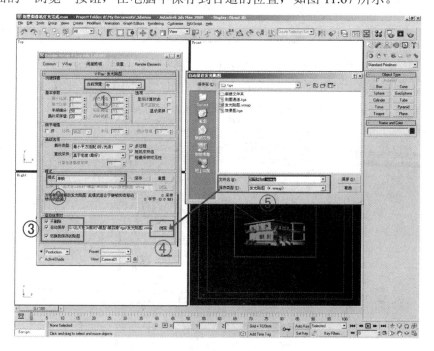

图 11.67　渲染发光贴图的设置 3

（4）在"间接照明"选项卡下"V-Ray::强力全局照明"卷展栏中，设置细分为 50，如图 11.68 所示。

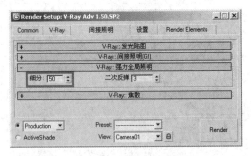

图 11.68　渲染发光贴图的设置 4

（5）在"设置"选项卡下"V-Ray::DMC 采样器"卷展栏中，设置最小采样值为 16，噪波阈值为 0.001，如图 11.69 所示。

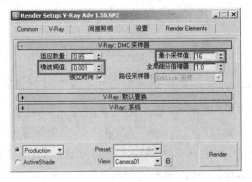

图 11.69　渲染发光贴图的设置 5

（6）在 Common 选项卡下 Common Parameters 卷展栏中，设置 Width 为 1000、Height 为 750。该项设置完成后，单击面板右下角的 Render 按钮开始渲染发光贴图，如图 11.70 所示。

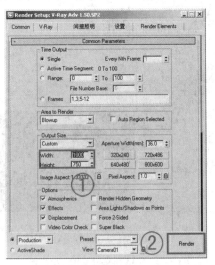

图 11.70　渲染发光贴图的设置 6

提示

渲染发光贴图时，所设置的渲染输出的宽度和高度数值越大，渲染出来的图像质量越好，但渲染速度会相应变慢。通常发光贴图的长宽值会按照成图的三分之一、四分之一或者五分之一进行渲染，本案例中是按照三分之一的比例设置的，即：发光贴图的宽度是1000，下一步渲染的成图的宽度将是3000。

11.3.5 渲染成图

这是正式的效果图。

(1) 发光贴图渲染完成后，在"V-Ray::发光贴图"卷展栏中，模式会切换为"从文件"，并且自动读取了渲染完成的发光贴图，如图 11.71 所示。

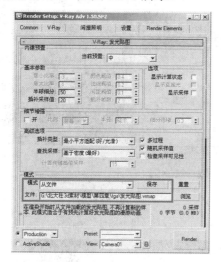

图 11.71　读取发光贴图

(2) 在 Common Parameters 卷展栏中，设置 Width 为 3000、Height 为 2250，如图 11.72 所示。

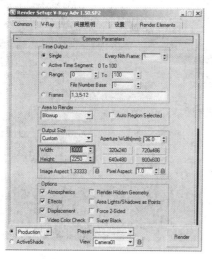

图 11.72　设置输出尺寸

(3) 在 Common Parameters 卷展栏中单击 File 按钮，设置渲染输出的自动保存，对效果图进行命名，保存类型选择 tga 格式。设置完成之后单击面板右下角的 Render 按钮开始渲染，如图 11.73 所示。

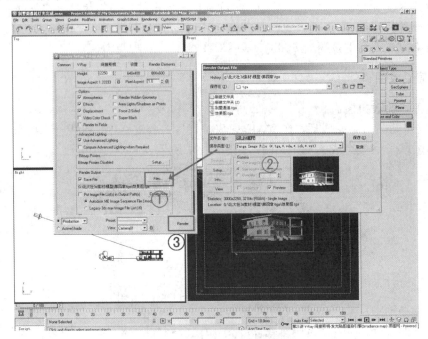

图 11.73 设置自动保存

渲染后的效果如图 11.74 所示。

图 11.74 渲染效果

11.4　后　期　处　理

引例

　　Photoshop 中有个功能是图像合成，就是把不同图像文件中的所需部分进行组合，以弥补当前图像上缺少的元素，或组合成新的图像。有了这种技术支持，在虚拟的图像中就可以实现很多现实生活中不能做到的事情。比如把自己的生活照与埃菲尔铁塔的照片进行组合，可以造成自己正在巴黎度假的假象。总之，只要拥有充分的想象力，无论多么神奇的想法，在 Photoshop 中都可以实现。图 11.75 所示就是一幅用 Photoshop 软件合成的图片。

图 11.75　Photoshop 图像合成创意

　　思考： 建筑效果图后期处理应该具备哪些素材？

任务内容

　　在 Photoshop 中为建筑添加天空、地面、树木的配景，使之组成一幅完整、协调的画面。任务完成后的最终效果如图 11.76 所示。

图 11.76 后期处理效果

 任务实施流程

1．添加远景	2．添加中景	3．添加近景
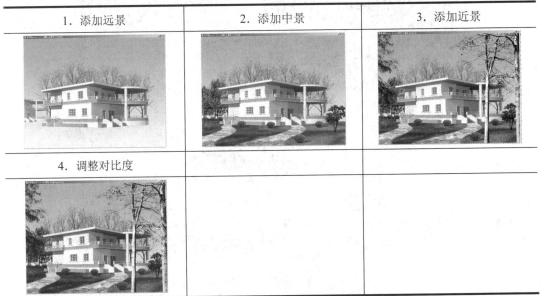		
4．调整对比度		

 任务实施具体过程

11.4.1　添加远景配景

(1) 删除建筑的黑色背景，如图 11.77 所示。

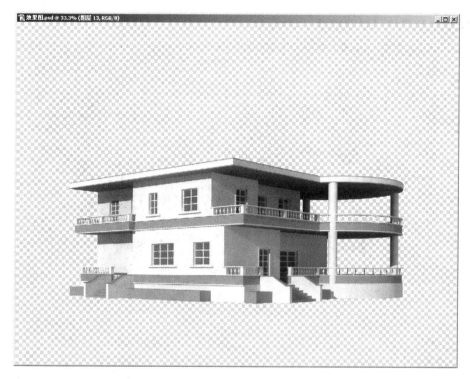

图 11.77　删除黑色背景

(2) 添加天空。效果如图 11.78 所示。

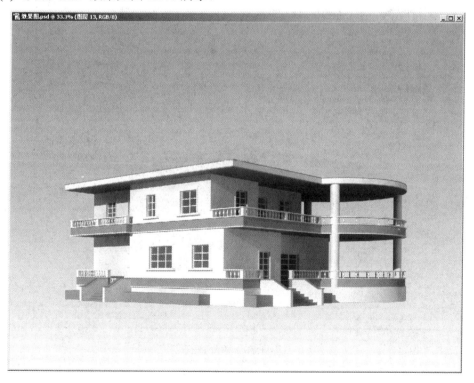

图 11.78　天空配景

(3) 添加远景树。效果如图 11.79 所示。

图 11.79 远景树

(4) 将建筑复制并调小，放在一边做建筑配景。效果如图 11.80 所示。

图 11.80 添加建筑

11.4.2 添加中景配景

(1) 添加草坪如图 11.81 所示。

图 11.81 添加草坪

(2) 添加道路如图 11.82 所示。

图 11.82 添加道路

(3) 添加灌木如图 11.83 所示。

图 11.83 添加灌木

(4) 添加矮树如图 11.84 所示。

图 11.84 添加矮树

11.4.3　添加近景配景

（1）添加左侧树木如图 11.85 所示。

图 11.85　添加左侧树木

（2）添加右侧树木如图 11.86 所示。

图 11.86　添加右侧树木

(3) 添加路面落叶如图 11.87 所示。

图 11.87　添加路面落叶

11.4.4　创建柔光图层

创建柔光图层，用来调整画面的对比度，效果如图 11.88 所示。

图 11.88　调整对比度

(1) 在文件的标题栏上右击，在弹出的菜单中选择"复制"命令，会弹出"复制图像"对话框，在该对话框中勾选"仅复制合并的图层"复选框，会复制出一个合层的文件，如图 11.89 所示。

图 11.89　复制文件

(2) 将复制得到的图像移动到正在处理的文件上，并且放置在"图层"面板的最顶层，将图层融合模式改成"柔光"，并调整填充值为 50%，如图 11.90 所示。

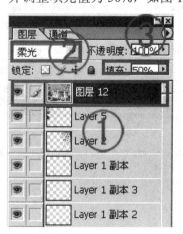

图 11.90　柔光调整层

别墅的最终效果如图 11.91 所示。

图 11.91 最终效果

本 章 小 结

(1) 在面对一个相对复杂的模型时，初学者往往会觉得无从下手，不知道从哪一步开始做起。其实不管这个模型有多复杂，它都是由简单的几何体组合而成的，要学会将模型进行分解，将复杂的形体拆分成简单的构件，然后一步一步将不同的构件组合成完整的模型。

(2) 每一个模型的创建，操作步骤要正确、简洁，命令的使用要做到准确、不重复。举例来讲，在同一个模型上，相同的命令只能出现一次，不能重复施加。相同的命令加得再多，也是只有一个对模型起作用，但操作者就无从分辨起作用的是哪一个了。

(3) 灯光的亮度要控制好，不要在模型上形成过亮的光斑，一般调整到最终效果亮度的70%左右即可，便于后期调整。

(4) 后期处理中要注意添加的树木配景色调要基本一致，树种在本地能够见到，不要与现实脱节。

课 后 习 题

1. 请总结建筑效果图的制作流程。
2. 简述建筑效果图后期制作的顺序。

3．请思考建筑建模的注意事项有哪些。

4．制作如图 11.92～图 11.95 所示的拓展练习模型。

图 11.92　拓展训练模型——门市外立面效果图

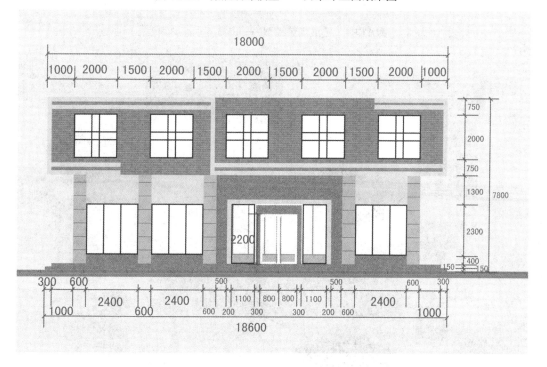

图 11.93　拓展训练模型——门市正立面参数

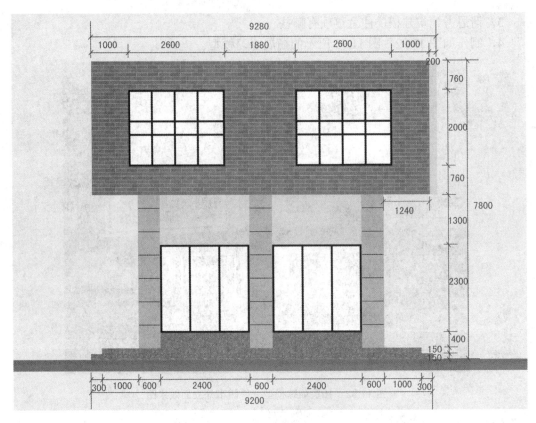

图 11.94 拓展训练模型——门市侧立面参数

图 11.95 拓展训练模型——所需的后期素材

参 考 文 献

[1] 水晶石数字教育学院. 水晶石技法 3ds Max/VRay 建筑渲染表现[M]. 北京：人民邮电出版社，2008.

[2] 行行. 3ds max 8 材质与贴图的艺术[M]. 北京：中国青年出版社，2006.

[3] 姚勇，鄢峻. 3ds max&VRay 渲染盛宴——实战篇[M]. 北京：电子工业出版社，2007.

[4] 郑恩峰. 3ds max&V-Ray 室内外空间表现[M]. 上海：上海交通大学出版社，2010.

[5] 李善秀. 建筑效果图后期处理技法[M]. 北京：中国青年出版社，2005.

[6] 周宏，郑勇群，吴静波. 3ds Max/VRay 印象全套家装效果图表现技法[M]. 北京：人民邮电出版社，2009.

[7] 李斌，朱立银. 3ds Max/VRay 印象室内家装效果图表现技法[M]. 2 版. 北京：人民邮电出版社，2012.

[8] 火星时代. 3ds Max&VRay 室内渲染火星课堂[M]. 2 版. 北京：人民邮电出版社，2012.

[9] 于辉，周天娇，黄展. 3ds Max+VRay 室内效果图高级教程[M]. 北京：中国青年出版社，2010.

北京大学出版社高职高专土建系列规划教材

序号	书名	书号	编著者	定价	出版时间	印次	配套情况
	基础课程						
1	工程建设法律与制度	978-7-301-14158-8	唐茂华	26.00	2012.7	6	ppt/pdf
2	建设法规及相关知识	978-7-301-22748-0	唐茂华等	34.00	2014.9	2	ppt/pdf
3	建设工程法规(第2版)	978-7-301-24493-7	皇甫婧琪	40.00	2014.12	2	ppt/pdf/答案/素材
4	建筑工程法规实务	978-7-301-19321-1	杨陈慧等	43.00	2012.1	4	ppt/pdf
5	建筑法规	978-7-301-19371-6	董伟等	39.00	2013.1	4	ppt/pdf
6	建设工程法规	978-7-301-20912-7	王先恕	32.00	2012.7	3	ppt/ pdf
7	AutoCAD 建筑制图教程(第2版)	978-7-301-21095-6	郭 慧	38.00	2014.12	6	ppt/pdf/素材
8	AutoCAD 建筑绘图教程(第2版)	978-7-301-20540-8	唐英敏等	44.00	2014.7	1	ppt/pdf/素材
9	建筑 CAD 项目教程(2010 版)	978-7-301-20979-0	郭 慧	38.00	2012.9	2	pdf/素材
10	建筑工程专业英语	978-7-301-15376-5	吴承霞	20.00	2013.8	8	ppt/pdf
11	建筑工程专业英语	978-7-301-20003-2	韩薇等	24.00	2014.7	1	ppt/ pdf
12	★建筑工程应用文写作(第2版)	978-7-301-24480-7	赵立等	50.00	2014.7	1	ppt/pdf
13	建筑识图与构造(第2版)	978-7-301-23774-8	郑贵超	40.00	2014.12	2	ppt/pdf/答案
14	建筑构造	978-7-301-21267-7	肖 芳	34.00	2014.12	4	ppt/pdf
15	房屋建筑构造	978-7-301-19883-4	李少红	26.00	2012.1	4	ppt/pdf
16	建筑识图	978-7-301-21893-8	邓志勇等	35.00	2013.1	2	ppt/ pdf
17	建筑识图与房屋构造	978-7-301-22860-9	贠禄等	54.00	2013.8	1	ppt/pdf /答案
18	建筑构造与设计	978-7-301-23506-5	陈玉萍	38.00	2014.1	1	ppt/pdf /答案
19	房屋建筑构造	978-7-301-23588-1	李元玲等	45.00	2014.1	1	ppt/pdf
20	建筑构造与施工图识读	978-7-301-24470-8	南学平	52.00	2014.8	1	ppt/pdf
21	建筑工程制图与识图(第2版)	978-7-301-24408-1	白丽红	29.00	2014.7	1	ppt/pdf
22	建筑制图习题集(第2版)	978-7-301-24571-2	白丽红	25.00	2014.8	1	pdf
23	建筑制图(第2版)	978-7-301-21146-5	高丽荣	32.00	2013.2	4	ppt/pdf
24	建筑制图习题集(第2版)	978-7-301-21288-2	高丽荣	28.00	2014.12	5	pdf
25	建筑工程制图(第2版)(附习题册)	978-7-301-21120-5	肖明和	48.00	2012.8	3	ppt/pdf
26	建筑制图与识图(第2版)	978-7-301-24386-2	曹雪梅	36.00	2014.9	1	ppt/pdf
27	建筑制图与识图习题册	978-7-301-18652-7	曹雪梅等	30.00	2012.4	4	pdf
28	建筑制图与识图	978-7-301-20070-4	李元玲	28.00	2012.8	5	ppt/pdf
29	建筑制图与识图习题集	978-7-301-20425-2	李元玲	24.00	2012.3	4	ppt/pdf
30	新编建筑工程制图	978-7-301-21140-3	方筱松	30.00	2014.8	2	ppt/ pdf
31	新编建筑工程制图习题集	978-7-301-16834-9	方筱松	22.00	2014.1	2	pdf
	建筑施工类						
1	建筑工程测量	978-7-301-16727-4	赵景利	30.00	2013.8	11	ppt/pdf /答案
2	建筑工程测量(第2版)	978-7-301-22002-3	张敬伟	37.00	2013.5	5	ppt/pdf /答案
3	建筑工程测量实验与实训指导(第2版)	978-7-301-23166-1	张敬伟	27.00	2013.9	2	pdf/答案
4	建筑工程测量	978-7-301-19992-3	潘益民	38.00	2012.2	2	ppt/ pdf
5	建筑工程测量	978-7-301-13578-5	王金玲等	26.00	2011.8	3	pdf
6	建筑工程测量实训	978-7-301-19329-7	杨凤华	27.00	2013.5	5	pdf
7	建筑工程测量(含实验指导手册)	978-7-301-19364-8	石 东等	43.00	2012.6	3	ppt/pdf/答案
8	建筑工程测量	978-7-301-22485-4	景 铎等	34.00	2013.6	1	ppt/pdf
9	建筑施工技术	978-7-301-21209-7	陈雄辉	39.00	2013.2	3	ppt/pdf
10	建筑施工技术	978-7-301-12336-2	朱永祥等	38.00	2012.4	7	ppt/pdf
11	建筑施工技术	978-7-301-16726-7	叶 雯等	44.00	2013.5	6	ppt/pdf /素材
12	建筑施工技术	978-7-301-19499-7	董伟等	42.00	2011.9	2	ppt/pdf
13	建筑施工技术	978-7-301-19997-8	苏小梅	38.00	2013.5	3	ppt/pdf
14	建筑工程施工技术(第2版)	978-7-301-21093-2	钟汉华等	48.00	2013.8	2	ppt/pdf
15	基础工程施工	978-7-301-20917-2	董伟等	35.00	2012.7	2	ppt/pdf
16	建筑施工技术实训(第2版)	978-7-301-24368-8	周晓龙	30.00	2014.12	2	pdf
17	建筑力学(第2版)	978-7-301-21695-8	石立安	46.00	2014.12	5	ppt/pdf
18	★土木工程实用力学	978-7-301-15598-1	马景善	30.00	2013.1	4	pdf/ppt
19	土木工程力学	978-7-301-16864-6	吴明军	38.00	2011.11	2	ppt/pdf

序号	书名	书号	编著者	定价	出版时间	印次	配套情况
20	PKPM 软件的应用(第2版)	978-7-301-22625-4	王 娜等	34.00	2013.6	2	pdf
21	建筑结构(第2版)(上册)	978-7-301-21106-9	徐锡权	41.00	2013.4	2	ppt/pdf/答案
22	建筑结构(第2版)(下册)	978-7-301-22584-4	徐锡权	42.00	2013.6	2	ppt/pdf/答案
23	建筑结构	978-7-301-19171-2	唐春平等	41.00	2012.6	4	ppt/pdf
24	建筑结构基础	978-7-301-21125-0	王中发	36.00	2012.8	2	ppt/pdf
25	建筑结构原理及应用	978-7-301-18732-6	史美东	45.00	2012.8	1	ppt/pdf
26	建筑力学与结构(第2版)	978-7-301-22148-8	吴承霞等	49.00	2014.12	5	ppt/pdf/答案
27	建筑力学与结构(少学时版)	978-7-301-21730-6	吴承霞	34.00	2014.8	3	ppt/pdf/答案
28	建筑力学与结构	978-7-301-20988-2	陈水广	32.00	2012.8	1	pdf/ppt
29	建筑力学与结构	978-7-301-23348-1	杨丽君等	44.00	2014.1	1	ppt/pdf
30	建筑结构与施工图	978-7-301-22188-4	朱希文等	35.00	2013.3	2	ppt/pdf
31	生态建筑材料	978-7-301-19588-2	陈剑峰等	38.00	2013.7	2	ppt/pdf
32	建筑材料(第2版)	978-7-301-24633-7	林祖宏	35.00	2014.8	1	ppt/pdf
33	建筑材料与检测	978-7-301-16728-1	梅 杨等	26.00	2012.11	9	ppt/pdf/答案
34	建筑材料检测试验指导	978-7-301-16729-8	王美芬等	18.00	2014.12	7	pdf
35	建筑材料与检测	978-7-301-19261-0	王 辉	35.00	2012.6	5	ppt/pdf
36	建筑材料与检测试验指导	978-7-301-20045-2	王 辉	20.00	2013.1	3	ppt/pdf
37	建筑材料选择与应用	978-7-301-21948-5	申淑荣等	39.00	2013.3	2	ppt/pdf
38	建筑材料检测实训	978-7-301-22317-8	申淑荣等	24.00	2013.4	1	pdf
39	建筑材料	978-7-301-24208-7	任晓菲	40.00	2014.7	1	ppt/pdf/答案
40	建设工程监理概论(第2版)	978-7-301-20854-0	徐锡权等	43.00	2013.7	4	ppt/pdf/答案
41	★建设工程监理(第2版)	978-7-301-24490-6	斯 庆	35.00	2014.9	1	ppt/pdf/答案
42	建设工程监理概论	978-7-301-15518-9	曾庆军等	24.00	2012.12	5	ppt/pdf
43	工程建设监理案例分析教程	978-7-301-18984-9	刘志麟等	38.00	2013.2	2	ppt/pdf
44	地基与基础(第2版)	978-7-301-23304-7	肖明和等	42.00	2014.12	2	ppt/pdf/答案
45	地基与基础	978-7-301-16130-2	孙平平等	26.00	2013.2	3	ppt/pdf
46	地基与基础实训	978-7-301-23174-6	肖明和等	25.00	2013.10	1	ppt/pdf
47	土力学与地基基础	978-7-301-23675-8	叶火炎等	35.00	2014.1	1	ppt/pdf
48	土力学与基础工程	978-7-301-23590-4	宁培淋等	32.00	2014.1	1	ppt/pdf
49	建筑工程质量事故分析(第2版)	978-7-301-22467-0	郑文新	32.00	2014.12	3	ppt/pdf
50	建筑工程施工组织设计	978-7-301-18512-4	李源清	26.00	2014.12	7	ppt/pdf
51	建筑工程施工组织实训	978-7-301-18961-0	李源清	40.00	2014.12	4	ppt/pdf
52	建筑施工组织与进度控制	978-7-301-21223-3	张廷瑞	36.00	2012.9	3	ppt/pdf
53	建筑施工组织项目式教程	978-7-301-19901-5	杨红玉	44.00	2012.1	2	ppt/pdf/答案
54	钢筋混凝土工程施工与组织	978-7-301-19587-1	高 雁	32.00	2012.5	1	ppt/pdf
55	钢筋混凝土工程施工与组织实训指导(学生工作页)	978-7-301-21208-0	高 雁	20.00	2012.9	1	ppt
56	建筑材料检测试验指导	978-7-301-24782-2	陈东佐等	20.00	2014.9	1	ppt
57	★建筑节能工程与施工	978-7-301-24274-2	吴明军等	35.00	2014.11	1	ppt/pdf
	工 程 管 理 类						
1	建筑工程经济(第2版)	978-7-301-22736-7	张宁宁等	30.00	2014.12	6	ppt/pdf/答案
2	★建筑工程经济(第2版)	978-7-301-24492-0	胡六星等	41.00	2014.9	1	ppt/pdf/答案
3	建筑工程经济	978-7-301-24346-6	刘晓丽等	38.00	2014.7	1	ppt/pdf/答案
4	施工企业会计(第2版)	978-7-301-24434-0	辛艳红等	36.00	2014.7	1	ppt/pdf/答案
5	建筑工程项目管理	978-7-301-12335-5	范红岩等	30.00	2012.4	9	ppt/pdf
6	建设工程项目管理(第2版)	978-7-301-24683-2	王 辉	36.00	2014.9	1	ppt/pdf/答案
7	建设工程项目管理	978-7-301-19335-8	冯松山等	38.00	2013.11	3	pdf/ppt
8	★建设工程招投标与合同管理(第3版)	978-7-301-24483-8	宋春岩	40.00	2014.12	2	ppt/pdf/答案/试题/教案
9	建筑工程招投标与合同管理	978-7-301-16802-8	程超胜	30.00	2012.9	2	pdf/ppt
10	工程招投标与合同管理实务	978-7-301-19035-7	杨甲奇等	48.00	2011.8	3	pdf
11	工程招投标与合同管理实务	978-7-301-19290-0	郑文新等	43.00	2012.4	2	ppt/pdf
12	建设工程招投标与合同管理实务	978-7-301-20404-7	杨云会等	42.00	2012.4	2	ppt/pdf/答案/习题库
13	工程招投标与合同管理	978-7-301-17455-5	文新平	37.00	2012.9	1	ppt/pdf

序号	书名	书号	编著者	定价	出版时间	印次	配套情况
14	工程项目招投标与合同管理(第2版)	978-7-301-24554-5	李洪军等	42.00	2014.12	2	ppt/pdf/答案
15	工程项目招投标与合同管理(第2版)	978-7-301-22462-5	周艳冬	35.00	2014.12	3	ppt/pdf
16	建筑工程商务标编制实训	978-7-301-20804-5	钟振宇	35.00	2012.7	1	ppt
17	建筑工程安全管理	978-7-301-19455-3	宋健等	36.00	2013.5	4	ppt/pdf
18	建筑工程质量与安全管理	978-7-301-16070-1	周连起	35.00	2014.12	8	ppt/pdf/答案
19	施工项目质量与安全管理	978-7-301-21275-2	钟汉华	45.00	2012.10	1	ppt/pdf/答案
20	工程造价控制(第2版)	978-7-301-24594-1	斯庆	32.00	2014.8	1	ppt/pdf/答案
21	工程造价管理	978-7-301-20655-3	徐锡权等	33.00	2013.8	3	ppt/pdf
22	工程造价控制与管理	978-7-301-19366-2	胡新萍等	30.00	2014.12	4	ppt/pdf
23	建筑工程造价管理	978-7-301-20360-6	柴琦等	27.00	2014.12	4	ppt/pdf
24	建筑工程造价管理	978-7-301-15517-2	李茂英等	24.00	2012.1	4	pdf
25	工程造价案例分析	978-7-301-22985-9	甄凤	30.00	2013.8	1	pdf/ppt
26	建设工程造价控制与管理	978-7-301-24273-5	胡芳珍等	38.00	2014.6	1	ppt/pdf/答案
27	建筑工程造价	978-7-301-21892-1	孙咏梅	40.00	2013.2	1	ppt/pdf
28	★建筑工程计量与计价(第2版)	978-7-301-22078-8	肖明和等	58.00	2014.12	6	pdf/ppt
29	★建筑工程计量与计价实训(第2版)	978-7-301-22606-3	肖明和等	29.00	2014.12	4	pdf
30	建筑工程计量与计价综合实训	978-7-301-23568-3	龚小兰	28.00	2014.1	1	pdf
31	建筑工程估价	978-7-301-22802-9	张英	43.00	2013.8	1	ppt/pdf
32	建筑工程计量与计价——透过案例学造价(第2版)	978-7-301-23852-3	张强	59.00	2014.12	3	ppt/pdf
33	安装工程计量与计价(第3版)	978-7-301-24539-2	冯钢等	54.00	2014.12	2	pdf/ppt
34	安装工程计量与计价综合实训	978-7-301-23294-1	成春燕	49.00	2014.12	3	pdf/素材
35	安装工程计量与计价实训	978-7-301-19336-5	景巧玲等	36.00	2013.5	4	pdf/素材
36	建筑水电安装工程计量与计价	978-7-301-21198-4	陈连姝	36.00	2013.8	3	ppt/pdf
37	建筑与装饰装修工程工程量清单	978-7-301-17331-2	翟丽旻等	25.00	2012.8	4	pdf/ppt/答案
38	建筑工程清单编制	978-7-301-19387-7	叶晓容	24.00	2011.8	2	ppt/pdf
39	建设项目评估	978-7-301-20068-1	高志云等	32.00	2013.6	2	ppt/pdf
40	钢筋工程清单编制	978-7-301-20114-5	贾莲英	36.00	2012.2	1	ppt / pdf
41	混凝土工程清单编制	978-7-301-20384-2	顾娟	28.00	2012.5	1	ppt / pdf
42	建筑装饰工程预算	978-7-301-20567-9	范菊雨	38.00	2013.6	1	pdf/ppt
43	建设工程安全监理	978-7-301-20802-1	沈万岳	28.00	2012.7	1	pdf/ppt
44	建筑工程安全技术与管理实务	978-7-301-21187-8	沈万岳	48.00	2012.9	1	pdf/ppt
45	建筑工程资料管理	978-7-301-17456-2	孙刚等	36.00	2014.12	5	ppt/pdf/答案
46	建筑施工组织与管理(第2版)	978-7-301-22149-5	翟丽旻等	43.00	2014.12	3	ppt/pdf/答案
47	建设工程合同管理	978-7-301-22612-4	刘庭江	46.00	2013.6	1	ppt/pdf/答案
建筑设计类							
1	中外建筑史(第2版)	978-7-301-23779-3	袁新华等	38.00	2014.2	2	ppt/pdf
2	建筑室内空间历程	978-7-301-19338-9	张伟孝	53.00	2011.8	1	pdf
3	建筑装饰CAD项目教程	978-7-301-20950-9	郭慧	35.00	2013.1	1	ppt/素材
4	室内设计基础	978-7-301-15613-1	李书青	32.00	2013.5	3	ppt/pdf
5	建筑装饰构造	978-7-301-15687-2	赵志文等	27.00	2012.11	6	ppt/pdf/答案
6	建筑装饰材料(第2版)	978-7-301-22356-7	焦涛等	34.00	2013.5	1	ppt/pdf
7	★建筑装饰施工技术(第2版)	978-7-301-24482-1	王军	37.00	2014.7	1	ppt/pdf
8	设计构成	978-7-301-15504-2	戴碧锋	30.00	2012.10	2	ppt/pdf
9	基础色彩	978-7-301-16072-5	张军	42.00	2011.9	2	pdf
10	设计色彩	978-7-301-21211-0	龙黎黎	46.00	2012.9	1	ppt
11	设计素描	978-7-301-22391-8	司马金桃	29.00	2013.4	1	ppt
12	建筑素描表现与创意	978-7-301-15541-7	于修国	25.00	2012.11	3	Pdf
13	3ds Max 效果图制作	978-7-301-22870-8	刘晗等	45.00	2013.7	1	ppt
14	3ds max 室内设计表现方法	978-7-301-17762-4	徐海军	32.00	2010.9	1	pdf
15	Photoshop 效果图后期制作	978-7-301-16073-2	脱忠伟等	52.00	2011.1	2	素材/pdf
16	建筑表现技法	978-7-301-19216-0	张峰	32.00	2013.1	2	ppt/pdf
17	建筑速写	978-7-301-20441-2	张峰	30.00	2012.4	1	pdf
18	建筑装饰设计	978-7-301-20022-3	杨丽君	36.00	2012.2	1	ppt/素材
19	装饰施工读图与识图	978-7-301-19991-6	杨丽君	33.00	2012.5	1	ppt

序号	书名	书号	编著者	定价	出版时间	印次	配套情况
20	建筑装饰工程计量与计价	978-7-301-20055-1	李茂英	42.00	2013.7	3	ppt/pdf
21	3ds Max & V-Ray 建筑设计表现案例教程	978-7-301-25093-8	郑恩峰	40.00	2014.12	1	ppt/pdf
规 划 园 林 类							
1	城市规划原理与设计	978-7-301-21505-0	谭婧婧等	35.00	2013.1	2	ppt/pdf
2	居住区景观设计	978-7-301-20587-7	张群成	47.00	2012.5	1	ppt
3	居住区规划设计	978-7-301-21031-4	张 燕	48.00	2012.8	2	ppt
4	园林植物识别与应用	978-7-301-17485-2	潘利等	34.00	2012.9	1	ppt
5	园林工程施工组织管理	978-7-301-22364-2	潘利等	35.00	2013.4	1	ppt/pdf
6	园林景观计算机辅助设计	978-7-301-24500-2	于化强等	48.00	2014.8	1	ppt/pdf
7	建筑·园林·装饰设计初步	978-7-301-24575-0	王金贵	38.00	2014.10	1	ppt/pdf
房 地 产 类							
1	房地产开发与经营(第2版)	978-7-301-23084-8	张建中等	33.00	2014.8	2	ppt/pdf/答案
2	房地产估价(第2版)	978-7-301-22945-3	张 勇等	35.00	2014.12	2	ppt/pdf/答案
3	房地产估价理论与实务	978-7-301-19327-3	褚菁晶	35.00	2011.8	2	ppt/pdf/答案
4	物业管理理论与实务	978-7-301-19354-9	裴艳慧	52.00	2011.9	2	ppt/pdf
5	房地产测绘	978-7-301-22747-3	唐春平	29.00	2013.7	1	ppt/pdf
6	房地产营销与策划	978-7-301-18731-9	应佐萍	42.00	2012.8	2	ppt/pdf
7	房地产投资分析与实务	978-7-301-24832-4	高志云	35.00	2014.9	1	ppt/pdf
市 政 与 路 桥 类							
1	市政工程计量与计价(第2版)	978-7-301-20564-8	郭良娟等	42.00	2013.8	5	pdf/ppt
2	市政工程计价	978-7-301-22117-4	彭以舟等	39.00	2013.2	1	ppt/pdf
3	市政桥梁工程	978-7-301-16688-8	刘 江等	42.00	2012.10	2	ppt/pdf/素材
4	市政工程材料	978-7-301-22452-6	郑晓国	37.00	2013.5	1	ppt/pdf
5	道桥工程材料	978-7-301-21170-0	刘水林等	43.00	2012.9	1	ppt/pdf
6	路基路面工程	978-7-301-19299-3	偶昌宝等	34.00	2011.8	1	ppt/pdf/素材
7	道路工程技术	978-7-301-19363-1	刘 雨等	33.00	2011.12	1	ppt/pdf
8	数字测图技术实训指导	978-7-301-22679-7	赵 红	27.00	2013.6	1	ppt/pdf
9	城市道路设计与施工	978-7-301-21947-8	吴颖峰	39.00	2013.1	1	ppt/pdf
10	建筑给排水工程技术	978-7-301-25224-6	刘 芳等	46.00	2014.12	1	ppt/pdf
11	建筑给水排水工程	978-7-301-20047-6	叶巧云	38.00	2012.2	1	ppt/pdf
12	市政工程测量(含技能训练手册)	978-7-301-20474-0	刘宗波等	41.00	2012.5	1	ppt/pdf
13	公路工程任务承揽与合同管理	978-7-301-21133-5	邱 兰等	30.00	2012.9	1	ppt/pdf/答案
14	★工程地质与土力学(第2版)	978-7-301-24479-1	杨仲元	41.00	2014.7	1	ppt/pdf
15	数字测图技术应用教程	978-7-301-20334-7	刘宗波	36.00	2012.8	1	ppt
16	数字测图技术	978-7-301-22656-8	赵 红	36.00	2013.6	1	ppt/pdf
17	水泵与水泵站技术	978-7-301-22510-3	刘振华	40.00	2013.5	1	ppt/pdf
18	道路工程测量(含技能训练手册)	978-7-301-21967-6	田树涛等	45.00	2013.2	1	ppt/pdf
19	桥梁施工与维护	978-7-301-23834-9	梁 斌	50.00	2014.2	1	ppt/pdf
20	铁路轨道施工与维护	978-7-301-23524-9	梁 斌	36.00	2014.1	1	ppt/pdf
21	铁路轨道构造	978-7-301-23153-1	梁 斌	32.00	2013.10	1	ppt/pdf
建 筑 设 备 类							
1	建筑设备基础知识与识图(第2版)	978-7-301-24586-6	靳慧征等	47.00	2014.12	2	ppt/pdf/答案
2	建筑设备识图与施工工艺	978-7-301-19377-8	周业梅	38.00	2011.8	4	ppt/pdf
3	建筑施工机械	978-7-301-19365-5	吴志强	30.00	2014.12	5	pdf/ppt
4	智能建筑环境设备自动化	978-7-301-21090-1	余志强	40.00	2012.8	1	pdf/ppt

相关教学资源如电子课件、电子教材、习题答案等可以登录 www.pup6.com 下载或在线阅读。

扑六知识网(www.pup6.com)有海量的相关教学资源和电子教材供阅读及下载(包括北京大学出版社第六事业部的相关资源),同时欢迎您将教学课件、视频、教案、素材、习题、试卷、辅导材料、课改成果、设计作品、论文等教学资源上传到 www.pup6.com,与全国高校师生分享您的教学成就与经验,并可自由设定价格,知识也能创造财富。具体情况请登录网站查询。

如您需要样书用于教学,欢迎登录第六事业部门户网(www.pup6.cn)申请,并可在线登记选题来出版您的大作,也可下载相关表格填写后发送到我们的邮箱,我们将及时与您取得联系并做好全方位的服务。

联系方式:010-62756290,010-62750667,yangxinglu@126.com,pup_6@163.com,欢迎来电来信咨询。

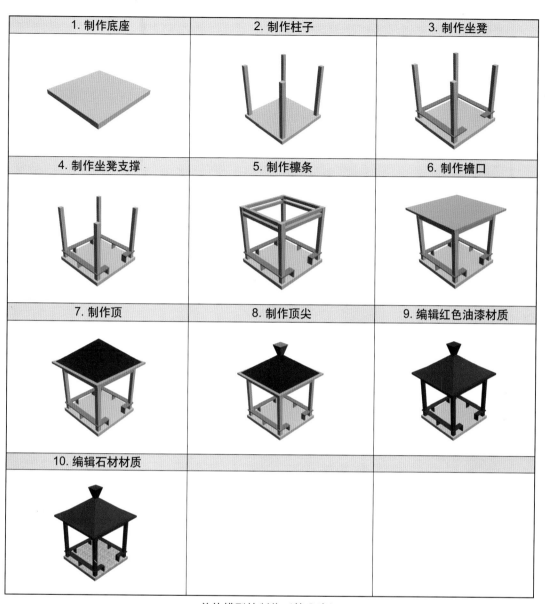

1. 制作底座	2. 制作柱子	3. 制作坐凳
4. 制作坐凳支撑	5. 制作檩条	6. 制作檐口
7. 制作顶	8. 制作顶尖	9. 编辑红色油漆材质
10. 编辑石材材质		

单体模型的制作（第3章）

| 1. 制作支柱底座 | 2. 制作支柱 | 3. 制作楼梯踏板 | 4. 制作第一根栏杆 |

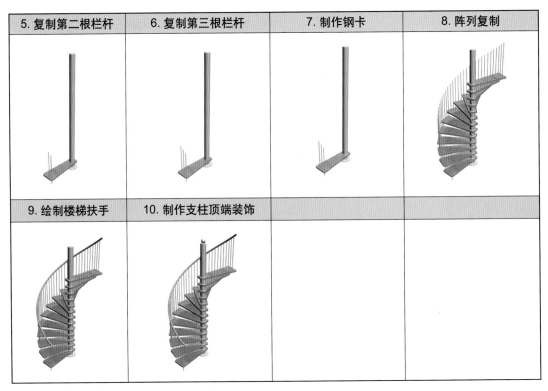

5. 复制第二根栏杆	6. 复制第三根栏杆	7. 制作钢卡	8. 阵列复制
9. 绘制楼梯扶手	10. 制作支柱顶端装饰		

旋转楼梯的制作（第 4 章）

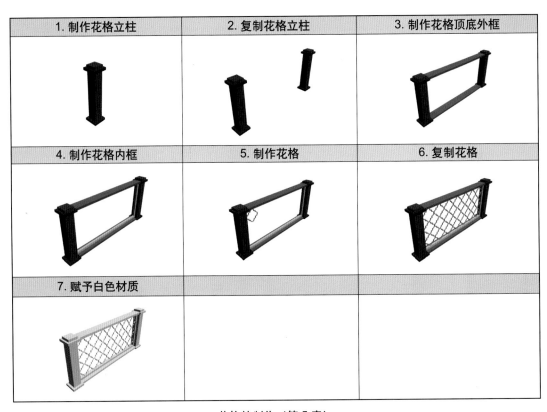

1. 制作花格立柱	2. 复制花格立柱	3. 制作花格顶底外框
4. 制作花格内框	5. 制作花格	6. 复制花格
7. 赋予白色材质		

花格的制作（第 5 章）

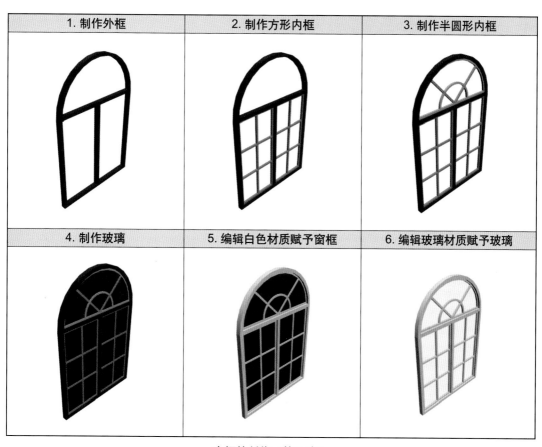

1. 制作外框	2. 制作方形内框	3. 制作半圆形内框
4. 制作玻璃	5. 编辑白色材质赋予窗框	6. 编辑玻璃材质赋予玻璃

窗框的制作（第 6 章）

1. 绘制放样路径	2. 绘制放样截面	3. 运行放样
4. 复制	5. 变形修改	

窗帘的制作（第 7 章）

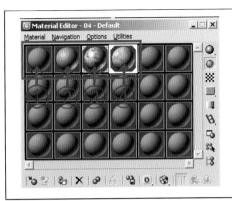

①表示这是一个空白的、没被编辑过的材质球；②表示该材质球虽然编辑过并施加了贴图，但并没有赋予到场景中的模型上；③表示该材质球应用到了场景中，但使用该材质的模型没有处于选中状态；④表示该材质球应用到了场景中，而且使用该材质的模型处于选中状态。

图 8.3　材质球的显示含义

图 8.8　不锈钢材质效果

图 8.10　金材质效果

图 8.12　银材质效果

图 8.13　黄铜材质效果

图 8.14　亮光铝材质效果

图 8.15　清水玻璃材质效果

图 8.19　磨砂玻璃材质效果

图 8.22　白色陶瓷材质效果

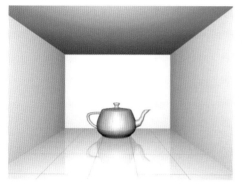

图 8.24　瓷砖地面材质效果

图 8.26　木材材质效果

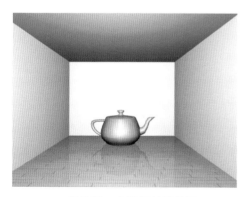

图 8.29　木地板材质效果

图 8.31　石材材质效果

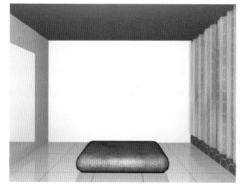

图 8.33　皮革材质效果

图 8.35　普通布料材质效果

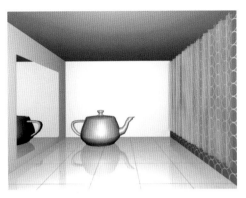

图 8.37 纱帘材质效果

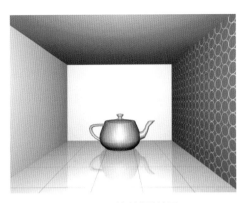

图 8.41 壁纸材质效果

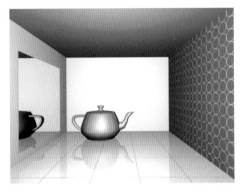

图 8.44 镜子材质效果

图 8.45 亮光塑料材质效果

图 9.2 VR 阳光的效果

图 9.7 VRay 灯光的效果

图 9.8 用球形 VRay 灯光模拟台灯的效果

图 9.10 Target Light 的效果

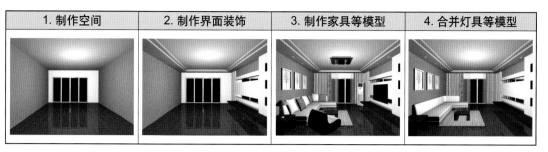

| 1. 制作空间 | 2. 制作界面装饰 | 3. 制作家具等模型 | 4. 合并灯具等模型 |

客厅制作实施流程（第 10 章）

图 10.3　客厅模型与材质效果

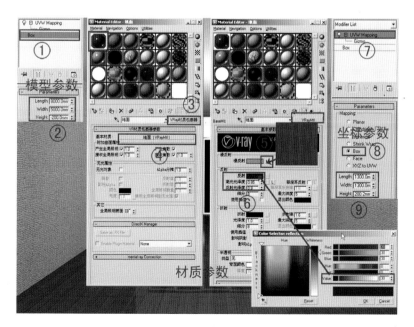

图 10.11　地面的参数

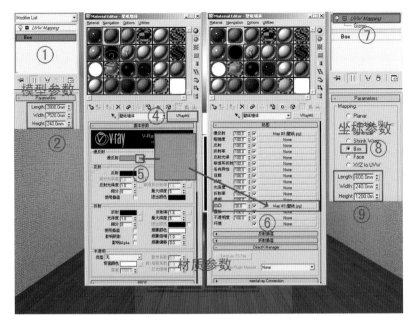

图 10.12　壁纸墙体的参数

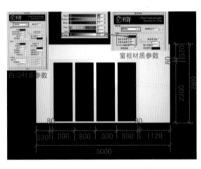

图 10.13　带推拉门墙体的参数

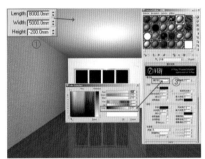

图 10.14　屋顶的参数

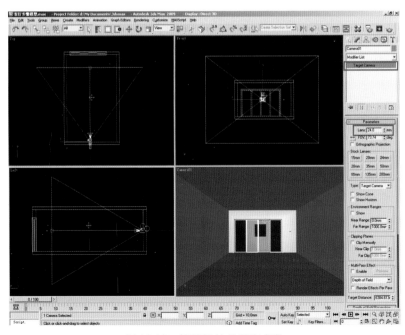

图 10.15　摄像机的位置和参数

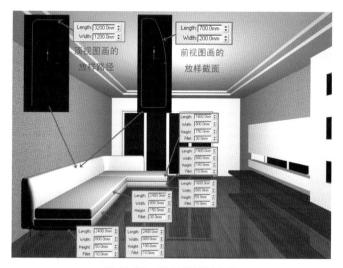

图 10.21 沙发模型的参数

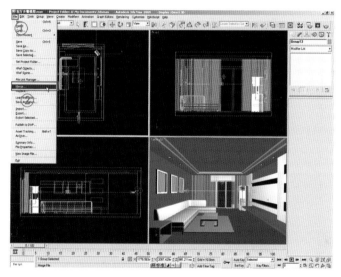

图 10.33 运行合并命令

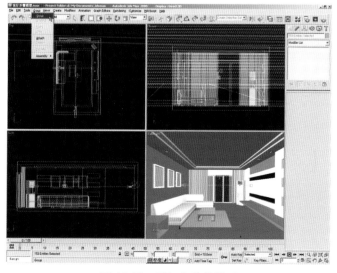

图 10.38 群组合并的模型

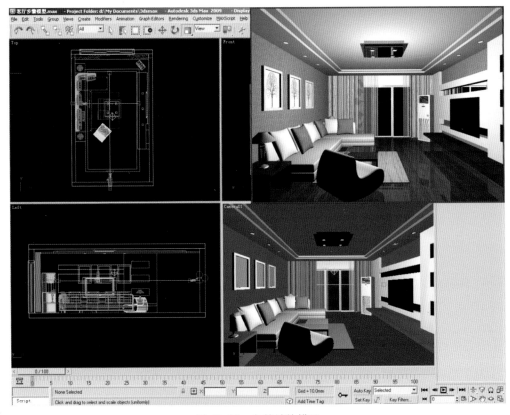

图 10.42　合并其他模型

图 10.68　渲染效果

图 10.74　后期处理效果

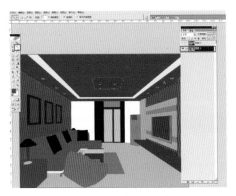

图 10.79　制作选区

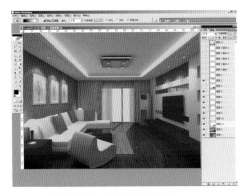

图 10.85　填充后的状态

图 10.93　拓展训练模型——卧室效果图

图 10.94　拓展训练模型——卧室部分主要模型参数

图 10.95 拓展训练模型——卧室部分参数

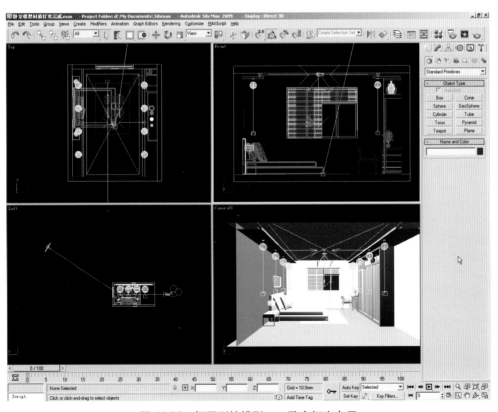

图 10.96 拓展训练模型——卧室灯光布局

1. 设置太阳光	2. 设置灯带

3. 设置筒灯

4. 设置台灯	5. 设置灯带散射

灯光设置实施流程（第 10 章）

1. 渲染发光贴图	2. 渲染成图

3. 渲染通道

渲染实施流程（第 10 章）

1. 合并文件	2. 调整亮度

3. 压角

4. 添加光晕	5. 调整图像对比度

后期处理实施流程（第 10 章）

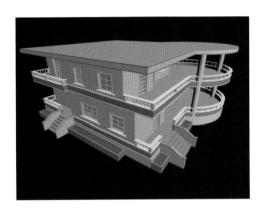

图 11.2　别墅模型与材质效果

图 11.51　摄像机的构图角度

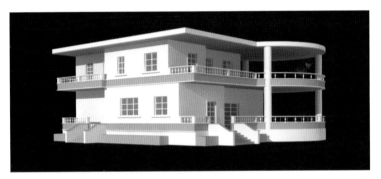

图 11.56　灯光的效果

图 11.76　后期处理效果